Gabriele Patitz, Gabriele Grassegger, Otto Wölbert (Hrsg.)

Natursteinsanierung Stuttgart 2017

Neue Natursteinrestaurierungsergebnisse und messtechnische Erfassungen sowie Sanierungsbeispiele

D1718442

Tagung am 17. März 2017 in Stuttgart

Herausgeber
Dr.-Ing. Gabriele Patitz
Ingenieurbüro IGP für Bauwerksdiagnostik und Schadensgutachten
Alter Brauhof 11, 76137 Karlsruhe
Telefon: (0721) 3 84 41 98
Telefax: (0721) 3 84 41 99
Email: mail@gabrielepatitz.de
www.gabrielepatitz.de

Prof. Dr. Gabriele Grassegger
Fakultät Bauingenieurwesen, Fachgebiet: Bauchemie und Baustoffkunde
Hochschule für Technik (HFT)
Schellingstr. 24, 70174 Stuttgart

mit Unterstützung des
Landesamtes für Denkmalpflege im Regierungspräsidium Stuttgart
FB Restaurierung, Otto Wölbert
Berliner Straße 12, 73726 Esslingen am Neckar

Satz und Layout
Manuela Gantner – punkt, STRICH. – Karlsruhe

Druck und Bindung
Konrad Triltsch GmbH – Ochsenfurt-Hohestadt

Einband
Salem Münster Westansicht
Foto: AeDis AG für Planung, Restaurierung und Denkmalpflege, Ebersbach-Roßwälden
Fotogrammetrie: Landesdenkmalamt Baden-Württemberg, Referat 35

1. Auflage
2017 Fraunhofer IRB Verlag,
Nobelstraße 12, 70569 Stuttgart

ISBN (Print):   978-3-8167-9863-7
ISBN (E-Book): 978-3-8167-9864-4

Liebe Fachtagungsteilnehmerinnen und Teilnehmer, liebe Leserinnen und Leser

Wir begrüßen Sie ganz herzlich zur Fachtagung Natursteinsanierung und wünschen Ihnen einen erfolgreichen interdisziplinären Austausch sowie viele neue Anregungen für Ihre Arbeit in der Forschung und in der Praxis.

Bei der inzwischen bereits 23. Tagung gehören wiederum zum Kreis der Teilnehmer neben Denkmalpflegern, Restauratoren, Architekten und Ingenieuren ausführende Firmen sowie Kollegen aus Forschung und Lehre. Die Vorträge und weiterführenden Informationen finden Sie in dem vorliegenden Tagungsband. In Ergänzung dazu bietet sich im Foyer der HFT Stuttgart die Möglichkeit, sich an Firmenständen über neue sowie altbewährte Produkte und Arbeitsmaterialien zu informieren, Kontakte zu knüpfen und Erfahrungen auszutauschen. Fachliteratur steht Ihnen bereit an den Informationsständen des Fraunhofer IRB Verlages und des Landesdenkmalamtes Baden-Württemberg Esslingen zur Verfügung.

Die diesjährige Exkursion führt uns an den Bodensee zum Kloster und Schloss Salem. Mit zwei Fachvorträgen werden auf der Fachtagung in Stuttgart Projektmaßnahmen an diesem herausragenden Kulturdenkmal in Baden-Württemberg vorgestellt und vor Ort besteht die Möglichkeit, die Instandsetzungen mit vier thematischen Führungen vor Augen zu führen und zu diskutieren.

Zur diesjährigen Tagung in Stuttgart stellen vor allem Gewölbesicherungen sowie Trag- und Formveränderungsverhalten historischer Bauwerke einen Schwerpunkt dar. Eine alternative Sicherungsmethode wird dabei vorgestellt.

Historische Naturwerksteinbrüche in Bayern zur Steingewinnung für die Restaurierung von Denkmälern sollen erfasst werden und eine polychrom gefasste Steinskulptur erhält neuen Glanz.

Den organischen und anorganischen Verschmutzungen an Bauwerksfassaden soll mit verschiedenen Reinigungsverfahren zu Leibe gegangen werden.

Mit den ausgewählten Themenschwerpunkten und dem Material an den Informationsständen wollen wir Ihnen zwei spannende und anregende Tage bieten. Wir wünschen Ihnen einen interessanten fachlichen Austausch, viele neue Anregungen und Ideen für Ihre Arbeit.

Gabriele Patitz   Gabriele Grassegger   Otto Wölbert

Sabine Koch, Axel Dominik, Jessica Klinkner, Domenika Baronesse von Kruedener, Clara-Maria Nocker	Zum Tragverhalten von historischem Grauwacke-Bruchsteinmauerwerk im Bestand	7
Klaus Poschlod Sven Bittner Renate Pfeiffer	Erfassung von historischen Naturwerksteinbrüchen in Bayern für die Restaurierung von Denkmalobjekten	19
Gabriele Grassegger, Ute Dettmann, Eberhard Wendler, Edmund Hartmann, Albert Kieferle, Norbert Hommrichhausen, Otto Wölbert	Organische und anorganische Komponenten von Verschmutzungen an Bauwerksfassaden 1. Folgen für die Reinigungstechnik 2. Ursache für Hydrophobie	35
Christoph Sabatzki Judith Schekulin	Zur Konservierung einer polychrom gefassten Sandsteinskulptur von Johann Peter Wagner aus Gaukönigshofen bei Würzburg	45
Berthold Alsheimer	Gewölbesicherung mit vorgespannten Seilen – praktische Erfahrungen mit einer alternativen Sicherungsmethode	57
Ronald Betzold	Stadtkirche in Lorch – Statische Stabilisierungen am spätgotischen Kreuzrippengewölbe des Chores	67
Hans-Dieter Jordan Erich Erhard	Restaurierung und Rückverankerung der Einfriedungsmauer der Johanneskapelle Steeden – Werkbericht über die Instandsetzungsarbeiten	79
Martina Goerlich	Die Leitlinie denkmalpflegerischen Handelns in Kloster und Schloss Salem. Ein Überblick	85
Klaus Lienerth Michael Schrem	Kloster- und Schlossanlage Salem – Instandsetzungsmaßnahmen des Landes Baden-Württemberg an einem herausragenden Kulturdenkmal 2009 bis heute	99
	Autorenverzeichnis	111

Zum Tragverhalten von historischem Grauwacke-Bruchsteinmauerwerk im Bestand

von Sabine Koch, Axel Dominik, Jessica Klinkner,
Domenika Baronesse von Kruedener und Clara-Maria Nocker

Beim Bauen im Bestand müssen oft Mauerwerkkonstruktionen hinsichtlich ihrer Tragfähigkeit beurteilt werden. Eine besondere Mauerwerkart stellt dabei das Bruchsteinmauerwerk dar. Meist sind Materialien aus der umliegenden Region verwendet worden, so dass abhängig von den anstehenden Natursteinen unterschiedliche Materialgüten im Mauerwerk anzutreffen sind. Derzeit erfährt ein historischer Weinkeller aus Bruchsteinmauerwerk eine Umnutzung. Weintanks mit großem Fassungsvermögen sollen zukünftig über den Kellergewölben aufgestellt werden. Damit ist mit deutlich höheren Lasten auf das Mauerwerk zu rechnen. Um die zusätzlichen Lasten aufnehmen zu können, ist das Mauerwerk ertüchtigt und das Tragverhalten untersucht worden.

1 Einführung

Die Weinkellerei der Winzergenossenschaft in Mayschoss an der Ahr sollte umgenutzt werden. Dazu sollten zwei Lagerhallen, die oberhalb des Weinkellers liegen, nach mehreren Umplanungen bis auf das Kellergewölbe (Gewölberücken) abgerissen und einschließlich der Stahlbetondecke neu aufgebaut werden (Abb. 1, 2 und 3).

Der unter den Lagerhallen vorhandene Weinkeller besteht überwiegend aus einem Grauwacke-Bruchsteinmauerwerk und kann in zwei wesentliche Bereiche unterschieden werden, dem „neuzeitlichen" (1888/1889 [7]) und dem historischen Weinkeller (1873 [7]) (Abb. 2 und 3). Der „neuzeitliche" Weinkeller ist mit einem Tonnengewölbe aus Mauerziegeln und der historische Weinkeller mit einem Tonnengewölbe aus Bruchsteinen überwölbt.

In der Lagerhalle 1 (Abb. 3) oberhalb des „neuzeitlichen" Gewölbekellers sollen zukünftig Edelstahltanks zur Weinlagerung aufgestellt werden. Die andere Lagerhalle (Lagerhalle 2) oberhalb des historischen Weinkellers wird zunächst wie bisher weiter als Lager genutzt.

Aufgrund der geplanten Umnutzung der Lagerhallen oberhalb des Weinkellers ergibt sich eine Lastzunahme für das Mauerwerk des Weinkellers um etwa das dreifache. Um abschätzen zu können, ob die zusätzlichen Lasten von den Mauerwerkwänden bzw. -pfeilern (Grauwacke-Bruchsteinmauerwerk) des Weinkellers aufgenommen werden können bzw. welche Ertüchtigungsmaßnahmen ggf. notwendig sind, erfogten vorab Untersuchungen und statische Berechnungen [1].

In Ergänzung zu den Untersuchungen und statischen Berechnungen sind zusätzlich Eignungsversuche zur Mauerwerkertüchtigung vor Ort in zuvor ausgewählten Bereichen ausgeführt worden. Anhand der Eignungsversuche ist geprüft worden, ob und auf welche technische Weise das Mauerwerk so ertüchtigt werden kann, dass die zusätzlichen Lasten aufgenommen werden können. Infolge der nach der Ertüchtigung zwangsläufig stattfindenden Formänderungen sind Rissbildungen im Mauerwerk, die später evtl. nachgearbeitet werden müssen, nicht auszuschließen. An den Gewölben können zudem Ausblühungen auftreten, die entsprechend behandelt werden müssen.

Die Ertüchtigungsarbeiten am Grauwacke-Bruchsteinmauerwerk des „neuzeitlichen" Gewölbekellers umfassen im Wesentlichen die Mauerwerkpfeiler bzw. -pfeilervorlagen mit den angrenzenden Mauerwerkwänden. Nicht enthalten sind die gemauerten Gewölbe sowie die Gurtbögen und evtl. das oberhalb des Gewölbes vorhandene Mauerwerk.

Um in Hinblick auf den weiteren Bauablauf abzuschätzen, welche Wirkung die ertüchtigungs- und lastbedingten Formänderungen auf das Mauerwerk ausüben und wann ein Ausgleichs- bzw. Ruhezustand erreicht ist, sind Formänderungsmessungen an dem Mauerwerk im Weinkeller vorgenommen worden.

Begleitend zu den Ertüchtigungsarbeiten an dem Grauwackemauerwerk des Weinkellers ist eine Bachelorarbeit [2] an der TH-Köln mit Laboruntersuchungen zum Thema Bruchsteinmauerwerk erarbeitet worden. Im Rahmen der Bachelorarbeit sind u. a. Mauerwerkprüfwände aus Grauwacke-Bruchsteinmauerwerk errichtet und geprüft worden (die Grauwackesteine stammen von den Abbrucharbeiten der Winzergenossenschaft in Mayschoss). Zusätzlich sind wesentliche Eigenschaftskennwerte der verwendeten Baustoffe (Mörtel, Mauerstein) bestimmt worden.

Die Ergebnisse aus den Untersuchungen vor Ort sowie aus den Laboruntersuchungen sind, soweit möglich, verglichen und abgeglichen worden, so dass das Verhalten des ertüchtigten Grauwacke-Bruchsteinmauerwerkes des Weinkellers hinsichtlich des unter Last zu erwartenden Formänderungsverhaltens abgeschätzt und entsprechende Werte zur statischen Berechnung dem Tragwerkplaner zur Verfügung gestellt werden konnten.

2 Problem- und Aufgabenstellung

Aus der Umnutzung ergeben sich für das Grauwacke-Bruchsteinmauerwerk des Weinkellers zusätzliche Lasten in Höhe von etwa dem 3-fachen Wert gegenüber der bisherigen Nutzung.

Untersuchungen des historischen Bruchsteinmauerwerkes haben ergeben, dass das Mauerwerk zweischalig mit einer mittigen „Auffüllung" errichtet worden ist und somit z. T. große Hohlräume aufweist (Abb. 4).

Aufgrund des Aufbaus des Mauerwerkes als Zweischalenkonstruktion mit mittiger Verfüllung besteht bei dem Aufbringen der geplanten Zusatzlasten durch die Umnutzung der Lagerhallen die Gefahr, dass das Mauerwerk ausknickt (Abb. 5).

Um die Zusatzlasten aus der geplanten Umnutzung aufnehmen zu können, soll das Kellermauerwerk ertüchtigt werden. Dazu sind verschiedene Maßnahmen geplant worden, die vorab in einem Eignungsversuch im „neuzeitlichen" und historischen Keller hinsichtlich Umsetzbarkeit überprüft worden sind.

Abb. 1
Winzergenossenschaft
Mayschoss mit Kenn-
zeichnung der umgenutz-
ten Lagerhallen

Abb. 2
„Neuzeitlicher" Weinkeller

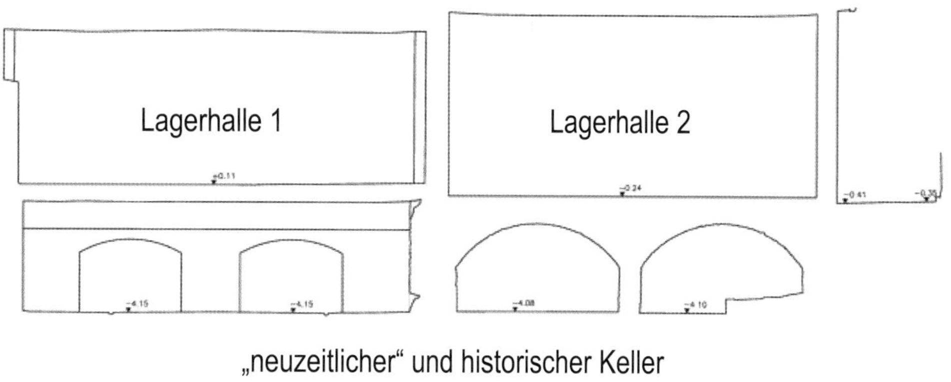

Abb. 3
Schnitt [3]: Lage der Lagerhallen 1 und 2 mit darunter
liegenden „neuzeitlichen"
und historischen
Weinkellern

Lagerhalle 1   Lagerhalle 2

„neuzeitlicher" und historischer Keller

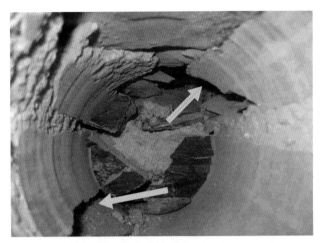

Abb. 4 Hohlraumreiches Grauwacke-Bruchsteinmauerwerk

Das Mauerwerk des Weinkellers soll zunächst mit speziellen Ankern (Doppel-Wendelanker (DWA) [4]) so vernadelt werden, dass die Mauerwerkschalen „zusammengehalten" werden. Die DWA sind dazu mittels eines speziellen und an die Mauerwerkeigenschaften angepassten Mörtels in das Mauerwerk einzusetzen. Anschließend wird das Mauerwerk mit einem ebenfalls angepassten Mörtel injiziert.

Die Eignungsversuche haben aufgrund der Verbrauchsmengen u. a. gezeigt, dass insbesondere die Trennwände aus Bruchsteinmauerwerk große Hohlräume aufweisen, die damit ebenfalls ertüchtigt werden können. Um die Wirkung der geplanten Maßnahmen abzuschätzen, sind im Rahmen der

Bachelorarbeit [2] Laboruntersuchungen durchgeführt worden. Nach dem Ertüchtigen des Grauwacke-Bruchsteinmauerwerkes erfolgten auch hier begleitende Messungen am Mauerwerk.

3 Laboruntersuchungen

Im Rahmen der umfangreichen Bachelorarbeit an der TH Köln sind von drei Studentinnen Laboruntersuchungen zum Tragverhalten von Bruchsteinmauerwerk [2] durchgeführt worden.

3.1 Baustoffkennwerte

Es wurden wesentliche Eigenschaftskennwerte der Grauwacke-Bruchsteine im Vergleich zu Mauerziegeln und Römertuffstein sowie von einem Rezeptmörtel und einem Verbundmörtel bestimmt. Dieser Verbundmörtel ist u. a. auch im Kellermauerwerk der Winzergenossenschaft im Rahmen der Ertüchtigungsmaßnahmen (Vernadeln/Injizieren) eingesetzt worden.

Neben der Druck- und Biegezugfestigkeit sowie dem dynamischen E-Modul ist die Wasseraufnahme der eingesetzten Baustoffe bestimmt worden (Abb. 6).

Die ermittelte Wasseraufnahme der einzelnen Materialien macht die Unterschiede in den Eigenschaften der Baustoffe deutlich. Die Wasseraufnahme der Grauwacke ist mit $0{,}07\,\mathrm{kg/(m^2{*}min^{0,5})}$ sehr gering, die Druckfestigkeit mit $>70{,}00\,\mathrm{N/mm^2}$ dagegen sehr

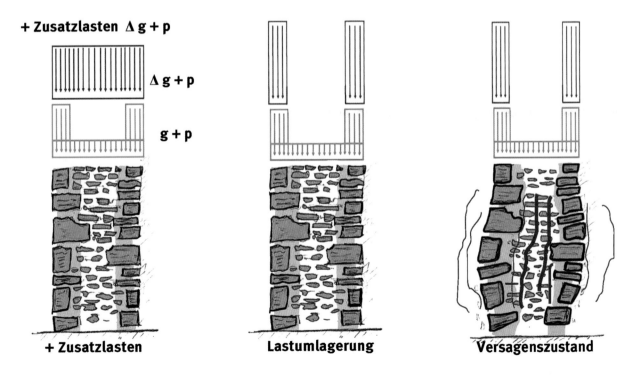

+ Zusatzlasten Δ g + p

Δ g + p

g + p

+ Zusatzlasten   **Lastumlagerung**   **Versagenszustand**

Abb. 5 Lastzustand Grauwacke-Bruchsteinmauerwerk durch geplante Umnutzung (Prinzipskizze)

hoch. Im Vergleich dazu ist die Wasseraufnahme des Römertuffsteins mit 34,70 kg/(m²*min⁰·⁵) sehr hoch und die Druckfestigkeit mit 6,6 N/mm² gering. Die Eigenschaften des Mauerziegels bezüglich Wasseraufnahme und Druckfestigkeit liegen jeweils zwischen den beiden anderen Steinen (Abb. 6 und 7).

Die Wasseraufnahme des Mauer- sowie Verbundmörtels sind mit 1,49 kg/(m²*min⁰·⁵) bzw. 0,14 kg/(m²*min⁰·⁵) ähnlich und insgesamt als gering einzustufen (Abb. 6). Die am Normprisma geprüften Druckfestigkeiten der Mörtel sind dagegen mit 1,7 N/mm² bzw. 44,9 N/mm² sehr unterschiedlich (Abb. 8). Für die Laboruntersuchungen sind bewusst Mörtel mit unterschiedlichen Eigenschaften ausgewählt worden, um Ansätze dafür zur Verfügung zu haben, wie ein solches System u. a. im Tragverhalten wirkt. Im Verbund zu den Mauersteinen Grauwacke, Römertuff und Mauerziegel erreicht der Verbundmörtel bei allen drei Mauersteinen etwa 30 bis 40 N/mm².

3.2 Zwei-Stein-Verbundprüfkörper

In Ergänzung zu den Eigenschaftskennwerten sind sogenannte Zwei-Stein-Verbundprüfkörper aus den angegeben Materialien hergestellt worden (Abb. 9 und 10). Mittels dieser Verbundprüfkörper sollte neben dem Ermitteln des Haftverbundes zwischen Mauerstein und Mauer- sowie Verbund- und Injektionsmörtel insbesondere das Formänderungsverhalten der Materialien im Verbund unter Druck untersucht werden. Dazu ist in Zusammenarbeit mit dem Institut für Angewandte Optik und Elektronik (AOE) der TH Köln [5, 6] ein neues Untersuchungsverfahren entwickelt und eingesetzt worden.

Die Zwei-Stein-Verbundprüfkörper sind mit unterschiedlichen Mörteln sowie unterschiedlichen Fugenausbildungen hergestellt worden. Die Zwei-Stein-Verbundprüfkörper sind jeweils mit einer „ebenen" und einer „schrägen" Fuge ausgebildet (Abb. 9). Anhand der „schrägen" Fuge sollte im Labor der Einfluss von unebenen Steinen, wie sie insbesondere bei einem unregelmäßigen Bruchsteinmauerwerk vorkommen, näherungsweise untersucht werden.

Als Mörtel für die Laboruntersuchungen ist in einem ersten Ansatz ein Mauer- (Mörtelklasse M 2,5) sowie ein Verbundmörtel (Mörtelklasse M30) verwendet worden. Der Mauermörtel steht dabei für den historischen Mörtel im Bruchsteinmauerwerk, der Verbundmörtel für einen Injektionsmörtel des ertüchtigten Bruchsteinmauerwerkes. Um auch die Wechselwirkung der beiden gerade in ihrer Festigkeit unterschiedlichen Mörtel im Labor zu erfassen, sind Zwei-Stein-Verbundprüfkörper mit sogenannten Verbundfugen aus Mauer- und Verbundmörtel hergestellt und untersucht worden (Abb. 9).

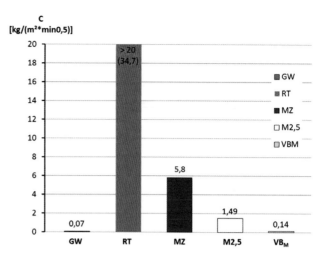

Abb. 6 Untersuchungsergebnisse Wasseraufnahme Mauersteine und Mörtel mit GW: Grauwacke; RT: Römertuffstein; MZ: Mauerziegel; M2,5: Mauermörtel; VBM: Verbundmörtel; c: Wasseraufnahmekoeffizient; Quelle: [2]

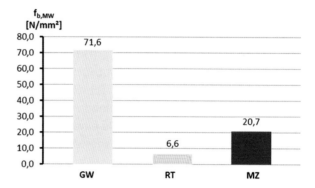

Abb. 7 Untersuchungsergebnisse Druckfestigkeit Mauersteine mit GW: Grauwacke; RT: Römertuffstein; MZ: Mauerziegel; Quelle: [2]

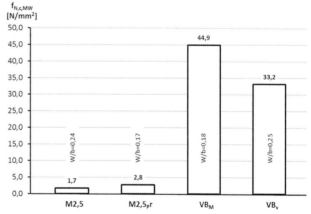

Abb. 8 Untersuchungsergebnisse Druckfestigkeit (Normprimsa) Mörtel mit M2,5: Mauermörtel; M2,5Pr: Mauermörtel für Prüfwände; VBM: Verbundmörtel; VBV: Verbundmörtel als Verpressmörtel; w/b-Wert: Wasser-/Bindemittelwert; Quelle: [2]

Es zeigte sich, dass die Verbundprüfkörper, hergestellt mit dem Mörtel der Festigkeitsklasse M2,5 (Baustellenrezeptmörtel), so gut wie keine Haftung zu den Mauersteinen aufwiesen, während der Verbundmörtel sehr große Haftzugfestigkeiten im Verbund zu den Steinen erreicht hat.

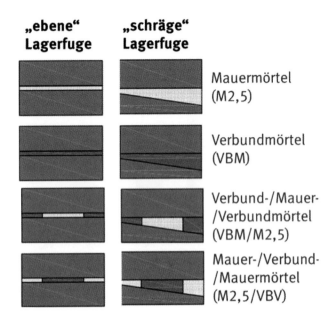

„ebene" Lagerfuge	„schräge" Lagerfuge	
		Mauermörtel (M2,5)
		Verbundmörtel (VBM)
		Verbund-/Mauer- /Verbundmörtel (VBM/M2,5)
		Mauer-/Verbund- /Mauermörtel (M2,5/VBV)

Abb. 9 Zwei-Stein-Verbundprüfkörper, Skizze [2]

Nach entsprechender Standzeit wurden die Zwei-Stein-Verbundprüfkörper geprüft (Druckprüfung). In Zusammenarbeit mit dem Institut für Angewandte Optik und Elektronik (AOE) der TH Köln [5, 6] ist die dabei im Fugenbereich auftretende Formänderung tastweise und erstmalig mittels einer speziellen Messtechnik erfasst und digital ausgewertet worden (Abb. 10, 11 und 12).

Die Auswertung der mittels Druckprüfung und Formänderungsmessung ermittelten Daten zeigt bei den Verbundprüfkörpern mit „ebener" Fuge über die Fugenlänge von Messpunkt A bis N eine nahezu gleichmäßige Spannungsverteilung (Abb. 11 a). Bei

der Verbundfuge aus dem Mauermörtel M2,5 und dem Verbundmörtel VBM ist über die Fugenlänge im Bereich der Mörtelwechsel (Messpunkte C/D und K/L, Abb. 11 b) eine deutliche Spannungsänderung zu erkennen.

In Abbildung 12 ist die Formänderung über die Fugenlänge A bis N für die Prüfkörper mit einer „ebenen" Verbundmörtelfuge („weichere" Mörtel M2,5 in Fugenmitte) für die drei geprüften Mauersteinarten Grauwacke, Römertuff und Mauerziegel dargestellt. Bei den Mauersteinen Grauwacke und Mauerziegel ist im Bereich des Mörtelwechsels VBM/M2,5 (Messpunkte C/D und K/L) eine Zunahme der Formänderungen festzustellen, bei dem Römertuffstein eine Abnahme.

Im Vergleich zu dem Römertuff weisen die Grauwacke und der Mauerziegel höhere Festigkeiten auf, so dass bei Grauwacke und Mauerziegel die „weiche" (geringer E-Modul) Fuge M2,5 stärker zusammengedrückt wird als der Fugenbereich VBM. Bei dem geringer festen Römertuffstein dagegen drückt sich offensichtlich die Fuge in den „weichen" Mauerstein. Weitere Auswertungen und Beurteilungen der Messergebnisse sowie des Bruchverhaltens der Zwei-Stein-Verbundprüfkörper sind derzeit noch in Bearbeitung.

3.3 Mauerwerkprüfwände

Im Untersuchungsprogramm sind aus Grauwacke-Bruchsteinen drei Mauerwerkprüfwände errichtet worden (Abb. 13). Dazu sind Grauwackesteine aus

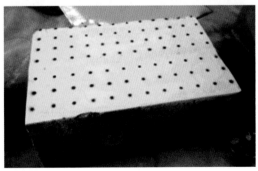
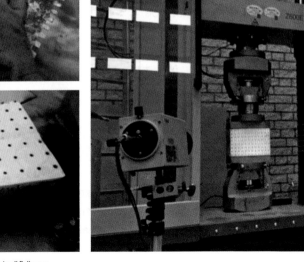

Abb. 10 Prüfen der Zwei-Stein-Verbundprüfkörper

Abbrucharbeiten bei den Umbauarbeiten der Winzergenossenschaft verwendet worden. Als Mauermörtel ist ein Baustellenrezeptmörtel (Mauermörtel) eingesetzt worden, der auch bei den Zwei-Stein-Verbundprüfkörpern zum Einsatz kamen.

Die Mauerwerkprüfwände sind, wie bei dem Mauerwerk im Weinkeller gegeben, als Zweischalenkonstruktion mit mittiger Verfüllung errichtet worden. Eine der drei Prüfwände ist wie aufgemauert belassen worden, die zweite Mauerwerkwand ist mit dem bereits bei den Zwei-Stein-Verbundprüfkörpern verwendeten Verbundmörtel über zuvor eingesetzte Injektionspacker injiziert worden. Die dritte Wand ist zusätzlich zu der Injektion mit speziellen Ankern (Doppel-Wendelanker (DWA) [4]) vernadelt worden. Nach entsprechender Standzeit (> 28 Tage) sind die Prüfwände im Labor der TH Köln mit einer entsprechend dimensionierten Prüfmaschine hinsichtlich der Druckfestigkeit geprüft worden.

Vor dem Prüfen der Wände sind allerdings noch digitale Wegaufnehmer an zuvor in den Mauersteinen eingelassenen Vorrichtungen installiert worden, um die vertikalen und horizontalen Formänderungen an je einer Kopf- und Längsseite der Prüfwände während der Druckprüfungen aufzeichnen zu können.

Das Prüfen der Mauerwerkprüfwände 1 bis 3 (Abb. 13) hat u.a. gezeigt, dass durch die Injektion bzw. die Injektion mit Vernadelung die Lastaufnahme der Mauerwerkwände deutlich gesteigert werden kann. Durch die Injektion des Mauerwerkes kann eine Lastzunahme bei der Mauerwerkprüfwand 2 von etwa 1,6 gegenüber der nicht ertüchtigten Mauerwerkprüfwand 1 erreicht werden. Durch die Injektion mit Vernadelung konnte die Lastaufnahme um das insgesamt etwa 2,4fache gegenüber der Ausgangssituation gesteigert werden (Abb. 14).

Die Prüfwände sind nach Durchführung der ersten Prüfung (Erreichen der Bruchlast, 1. Belastung) noch einmal bis zum Bruch belastet worden (2. Belastung), um die Resttragfähigkeit des Mauerwerkes nach Erreichen der Bruchlast abschätzen zu können (Abb. 14). Die Prüfwand 3 ist insgesamt dreimal bis zum Bruch belastet worden. Bei allen drei Prüfwänden ist bei der 2. Belastung noch eine Resttragfähigkeit von über 80% erreicht worden. Die Prüfwand 3 erreicht bei der 3. Belastung immer noch eine Tragfähigkeit von rund 79% (Abb. 14).

Das Aufzeichnen der vertikalen Formänderung des Mauerwerkes bei der Druckprüfung ergab eine vertikale Formänderung der nicht ertüchtigten Mauerwerkwand 1 von etwa 32 mm/m. Durch die Injektion konnte bei der Wand 2 die Formänderung schon auf etwa 5 mm/m reduziert werden. Bei der vernadelten

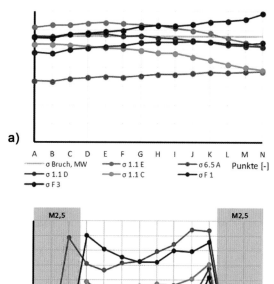

a)

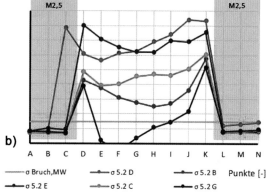

b)

Abb. 11 Qualitative Darstellung: Ergebnisse (Spannungsverlauf über die Fugenlänge A bis N) Zwei-Stein-Verbundprüfkörper (Grauwacke, verschiedene Prüfkörper, mit „ebener" Fuge mit Mauermörtel M2,5 und Verbundfuge M2,5/VBM [2]

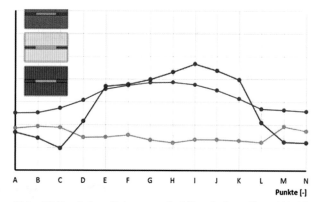

Abb. 12 Ergebnisse (Dehnungsverlauf über die Fugenlänge A bis N) Zwei-Stein-Verbundprüfkörper (Grauwacke, Römertuff, Mauerziegel) mit „ebener" Verbundfuge VBM/M2,5 [2]

Prüfwand 3 konnte nur noch eine vertikale Formänderung von etwa 3 mm/m gemessen werden (Abb. 15).

3.4 Baupraktische Untersuchungen

Wie bei den Mauerwerkprüfwänden im Labor sind auch an ausgesuchten Messstellen (Pfeiler, Gewölbe, Trennwand) des Weinkellers digitale Wegaufnehmer zum Messen der Formänderungen des ertüchtigten Mauerwerkes installiert worden (Abb. 16 und 17).

Die Auswertung der Daten über einen Zeitraum von bisher etwa sieben Monaten z.B. für den

Abb. 13
Mauerwerkprüfwände
(Zweischalenkonstruktion
mit mittiger Verfüllung) aus
Mayschoss-Grauwacke
aufgemauert (1), zusätzlich
injiziert (2) und injiziert und
vernadelt (3)

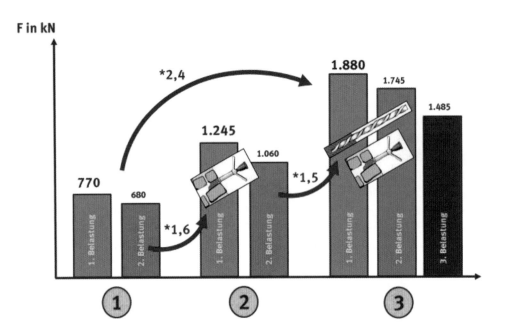

Abb. 14
Ergebnisse Druckprüfung
(Mehrfachprüfung) der
Mauerwerkprüfwände 1 bis
3 im Vergleich in kN

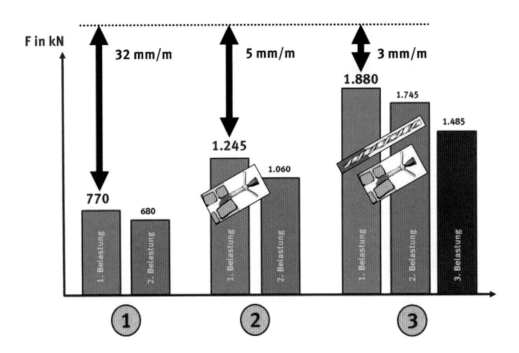

Abb. 15
Maximale Formänderung
der Mauerwerkprüfwände
1 bis 3 bei Druckprüfung im
Vergleich in mm/m

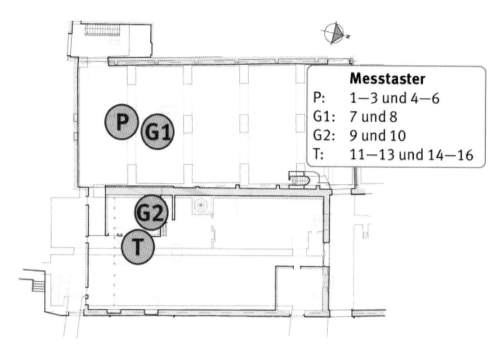

Abb. 16
Ausgesuchte Messstellen im Weinkeller zur Formänderungsmessung am Grauwacke-Bruchsteinmauerwerk; Grundriss [3]
P: Pfeiler; G: Gewölbe;
T: Trennwand

Mauerwerkpfeiler P (Abb. 16) ist in Abbildung 18 dargestellt. Die Messung hat nach Abschluss der Ertüchtigungsarbeiten im Weinkeller begonnen. In diesem Zeitraum sind keine wesentlichen Formänderungen an der ausgewählten Messstelle festzustellen. Mit Beginn der Lese im Herbst 2016 und damit dem Befüllen der Weintanks in der Lagerhalle 1 (Abb. 3) nehmen die vertikalen Formänderungen (Druck) am Kopf und der Längsseite des Mauerwerkpfeilers zu. Die horizontalen Formänderungen (Zug) nehmen insbesondere am Pfeilerkopf gegenüber der Pfeilerlängsseite mit der zunehmenden Belastung zu. Mit Abschluss der Lese und dem Abfüllen des Weins aus den Tanks in Flaschen (abnehmende Belastung aus

Lagerhalle 1) nimmt die Formänderung am Mauerwerkpfeiler deutlich langsamer zu. Beachtet werden muss, dass die lastbedingten Formänderungen von feuchtebedingten Prozessen (u. a. Schwinden) u. a. aus den Ertüchtigungsmaßnahmen überlagert werden.

Insgesamt sind die an dem ertüchtigten Mauerwerkpfeiler gemessenen Formänderungen auch unter Last mit etwa 0,10 bis 0,33 mm/m in vertikaler und mit etwa −0,05 bis −0,20 mm/m in horizontaler Richtung gering (angabegemäß sind etwa 60 % der Tankkapazität im Herbst 2016 erreicht worden; damit ist die Verkehrslast gegenüber dem Zustand vor dem Umbau etwa verdoppelt worden). Im Vergleich zu

Abb. 17
Formänderungsmessungen an Kopf- und Längsseite eines Mauerwerkpfeilers (P) mit den Messtastern 1 bis 6

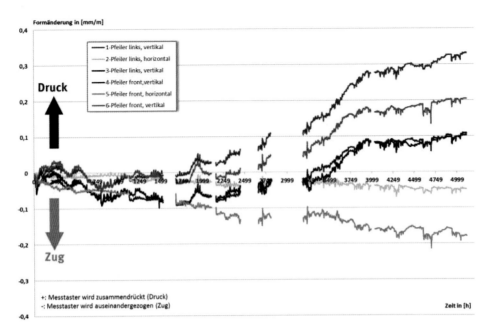

Abb. 18
Formänderungsmessungen
in mm/m an Mauerwerk-
pfeiler (P) über einen
Messzeitraum von etwa
7 Monaten

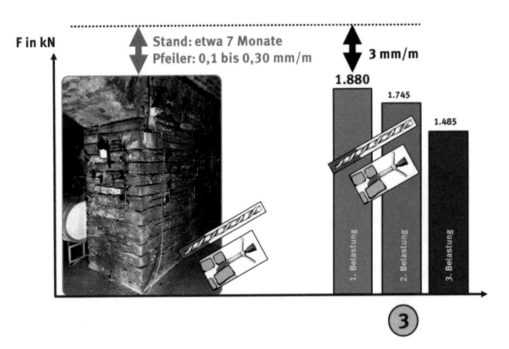

Abb. 19
Formänderung der
Mauerwerkprüfwand 3 im
Vergleich zum ertüchtigten
Mauerwerkpfeiler in mm/m

der im Labor nachgestellten ertüchtigten Mauerwerkprüfwand 3 treten im Bereich der vertikalen Formänderung am Bauwerk theoretisch etwa 10 % der Verformung beim Erreichen der Bruchlast auf (Abb. 19).

4   Resümee

Der Bereich von zwei Lagerhallen der Winzergenossenschaft in Mayschoss, die oberhalb eines „neuzeitlichen" und eines historischen Weinkellers liegen, soll
umgenutzt werden, wobei mit einer Zunahme der Verkehrslast für das vorhandene Grauwacke-Bruchsteinmauerwerk um etwa den Faktor 3 zu rechnen sein
würde.

Damit das Mauerwerk, eine Zweischalenkonstruktion aus Grauwacke-Bruchsteinmauerwerk mit mittiger Verfüllung, diese Lastzunahme aufnehmen kann,
sind Ertüchtigungsmaßnahmen (Vernadelung/Injek-
tion) durchgeführt worden. Diese Maßnahmen sind
mittels Eignungsversuchen, Laboruntersuchungen
[2] und baupraktischen Untersuchungen (Formänderungsmessungen) hinsichtlich ihrer Ausführbarkeit
und Wirkung geprüft worden.

Die Laboruntersuchungen und die baupraktischen
Untersuchungen zur Beurteilung der Tragfähigkeit
von Grauwacke-Bruchsteinmauerwerk haben bisher
gezeigt, dass die Ertüchtigung von hohlraumreichem

Mauerwerk mittels Injektion und Vernadelung eine deutliche Tragfähigkeitssteigerung ermöglicht.

Simulationsberechnungen zum Tragverhalten von Bruchsteinmauerwerk mit der Finite-Elemente-Methode (FEM) für die im Labor erstellten Zwei-Stein-Verbundprüfkörper und Mauerwerkprüfwände haben mit den im Rahmen der Bachelorarbeit eingesetzten Berechnungsprogrammen keine eindeutigen Zusammenhänge zwischen den an den Prüfkörpern ermittelten Untersuchungsergebnissen und den Berechnungsergebnissen ergeben. Hier sind offenbar weitere rechnerische und labortechnische Vergleichsuntersuchungen notwendig.

Die an den Mauerwerkprüfwänden anhand der Druckprüfung ermittelten statischen E-Moduli sind aufgrund der Vergütung angestiegen, was sich auch aus den reduzierten Formänderungen infolge Lastzunahme zeigt (Abb. 15). Der so bestimmte statische E-Modul der Prüfwände 1 und 2 ist damit allerdings geringer als der E-modul des Baustellenrezeptmörtels M2,5. Hier wäre es interessant zu erforschen, wie diese deutlichen Unterschiede zusammenhängen und wie sie in einem Simulationsprogramm erfasst werden können.

Literatur

[1] H+P Ingenieure GmbH, Beratende Ingenieure im Bauwesen, Aachen

[2] Klinkner, J.; Baronesse von Kruedener, D.; Nocker, Clara-Maria: Ansätze zur rechnerischen Erfassung des Tragverhaltens von Bruchsteinmauerwerk unter Berücksichtigung der erforderlichen Messtechnik und der zu ermittelnden Baustoffkennwerte; TH Köln, Fakultät für Bauingenieurwesen und Umwelttechnik; Laboratorium für Bau- und Werkstoffprüfung, Prof. Dr.-Ing. R. Hoscheid; Institut für Konstruktiven Ingenieurbau, Prof. Dr.-Ing. M. Nöldgen; Dominik Ingenieurbüro, Dominik, Koch; 2016

[3] Laserscanaufnahmen und Planerstellung durch OE Planung + Beratung GmbH, Altena

[4] HOWI Fertigdecken Ingenieurgesellschaft mbH, Kelberg

[5] Gartz, Prof. Dr.-Ing. M.; Kraus, A.: Institut für Angewandte Optik und Elektronik (AOE), TH Köln

[6] Hoscheid, M.; Fototechnik

[7] Homepage Winzergenossenschaft Mayschoss: http://wg-mayschoss.de/historie.html, 2017

Abbildungen
Falls nicht gesondert angegeben: Verfasser

Erfassung von historischen Naturwerksteinbrüchen in Bayern für die Restaurierung von Denkmalobjekten

von Klaus Poschlod, Sven Bittner und Renate Pfeiffer

Immer mehr Denkmäler in Bayern leiden ausgelöst durch diverse Umwelteinflüsse an Steinzerfall. Beispiele sind die St. Georgs-Kirche in Nördlingen und die Steinerne Brücke in Regensburg. Um eine denkmalgerechte Restaurierung durchführen zu können, benötigt man das Original-Steinmaterial zum Austausch der verwitterten Partien. Sehr viele dieser gesuchten Naturwerksteine werden seit Jahren nicht mehr abgebaut und stammen aus Steinbrüchen, die zugewachsen, verfüllt oder gar nicht mehr bekannt sind.
Ziel eines von der Deutschen Bundesstiftung Umwelt finanzierten Projekts war es, historische Naturwerksteinvorkommen zu erfassen und die Qualität und Quantität der noch anstehenden Gesteine als Grundlage für eine umweltverträgliche Reaktivierung der ehemaligen Steinbrüche zu erkunden.

1 Einleitung

Immer mehr Monumente in Bayern leiden an Steinzerfall, ausgelöst durch verschiedene schädliche, meist anthropogen bedingte Umwelteinflüsse. Die daraus resultierenden Auswirkungen und mögliche Abhilfemaßnahmen wurden in diversen Forschungsvorhaben ausführlich untersucht.

Mit den Folgen der von Mensch und Tier verursachten Umweltbelastungen (durch Rauchgas, Feinstaub, Urin, Salzstreuung etc.) muss sich die Denkmalpflege ständig auseinandersetzen. Neben den natürlichen Verwitterungserscheinungen, die meist nur durch Feuchtigkeit und Frost hervorgerufen werden, sind es gerade diese Einflüsse, die zu enormen Natursteinschäden an einer Vielzahl von Baudenkmälern führen.

Diese Schäden äußern sich in der Praxis oftmals so massiv und teilweise statisch so bedenklich, dass eine Restaurierung des Naturwerksteins nicht mehr ausführbar und somit ein Komplettaustausch zwingend erforderlich ist. Von Seiten der Denkmalpflege wird darauf gedrungen, dass das Ersatz- oder Austauschmaterial für die verwitterten Partien möglichst von der gleichen Naturwerksteinvarietät stammt.

Viele von der Denkmalpflege gesuchte Naturwerksteine werden jedoch seit Jahren nicht mehr abgebaut und stammen aus Steinbrüchen, die zugewachsen, verfüllt oder gar nicht mehr bekannt sind. In manchen noch in Betrieb befindlichen ehemaligen Naturwerkstein-Brüchen wird kein Naturwerkstein mehr gewonnen, sondern es werden dort oft nur noch unter Zuhilfenahme von Sprengungen Schotter, Splitt, Wasserbausteine oder Zementzuschlag produziert.

Wiederholt traten Vertreter des Bayerischen Landesamts für Denkmalpflege an das Bayerische Geologische Landesamt heran, mit der Bitte, „Bezugsquellen" von bestimmten Naturwerksteinen zu benennen. Dies geschah z. B. Anfang der Neunziger Jahre, als Austauschmaterial für Bauobjekte gesucht wurde, bei denen Regensburger Grünsandstein (wie z. B. für die Steinerne Brücke in Regensburg, Abb. 1) verwendet wurde.

Das Bayerische Geologische Landesamt (seit 2005 Bayerisches Landesamt für Umwelt, Abt. Geologischer Dienst) ließ damals mit finanzieller Unterstützung des Bayerischen Wirtschaftsministeriums im Rahmen einer Erkundungskampagne nach Regensburger Grünsandstein 17 Bohrungen mit einer Bohrstrecke von insgesamt 437 m niederbringen (Abb. 2). Zeitgleich wurden auch mehrere historische Grünsandsteinbrüche befahren und beprobt [1, 2, 3]. Unter Berücksichtigung von konkurrierenden Nutzungen (z. B. Wasserschutz, Naturschutz, Bannwald, Gewerbegebiet etc.) wurden mehrere Potentialflächen ausgewiesen, in denen man hochwertigen Grünsandstein abbauen könnte; eine dieser Flächen liegt nördlich des alten aufgelassenen Steinbruchs Ihrlerstein (Abb. 3).

Um sich einen Überblick verschaffen zu können, wo in Bayern alte denkmalrelevante Steinbrüche vorkommen, hat das Bayerische Landesamt für Umwelt (LfU) bei der Deutschen Bundesstiftung Umwelt (DBU) ein Projekt mit folgendem Titel beantragt: „Erfassung historischer Naturwerksteinvorkommen als Grundlage für deren umweltverträgliche Reaktivierung zwecks Restaurierung national bedeutender Kulturgüter in Bayern" (Aktenzeichen: 31549-45), das am 08.09.2014 von der DBU genehmigt wurde [4]. Kooperationspartner in diesem Projekt sind neben dem Bayerischen Landesamt für Denkmalpflege (BLfD) die Technische Universität München (TU) und beratend der in Würzburg ansässige Deutsche Naturwerksteinverband (DNV).

Im Einzelnen wurden im Rahmen des Projektes folgende Punkte bearbeitet:
- Lage und Zugänglichkeit der Steinbrüche,
- Zustand der Steinbrüche (verwachsen, verfüllt, überbaut etc.),
- Mögliche Restpotentiale abbaubaren Materials und ggf. Blockgrößen,
- Gesteinsphysikalische Eigenschaften des vorhandenen Naturwerksteins,
- Abraummächtigkeit,
- Konkurrierende Nutzungen eines möglichen Abbaus (WSG, NSG, Bebauung etc.).

Ein weiteres Ziel des Projekts lag darin, die Möglichkeit einer zeitweisen Reaktivierung eines Steinbruchs für Restaurierungsmaßnahmen zu überprüfen. Damit ist in der Regel ein Raumordnungsverfahren verbunden, das sehr (zeit-)aufwändig werden kann; gerade auch im „Zeitalter der Bürgerinitiativen" sollte die Möglichkeit eines Abbaus – selbst nur für einen begrenzten Zeitraum – erst bei Bedarf abgeklärt werden. Auch eine Einwilligung von Seiten der Eigentümer war in den seltensten Fällen ad hoc zu bekommen. Lediglich in einem Fall (Steinbruch bei Thalmann, Abb. 4) wurde eine Erlaubnis vom Eigentümer erteilt, dort wurden bereits Probebohrungen niedergebracht. Hier soll demnächst Lithothamnienkalk für die Neugestaltung der „Gelben Treppe" in der Residenz in München gewonnen werden.

Abb. 1
Steinerne Brücke und Dom in
Regensburg (Foto: Poschlod 2009)

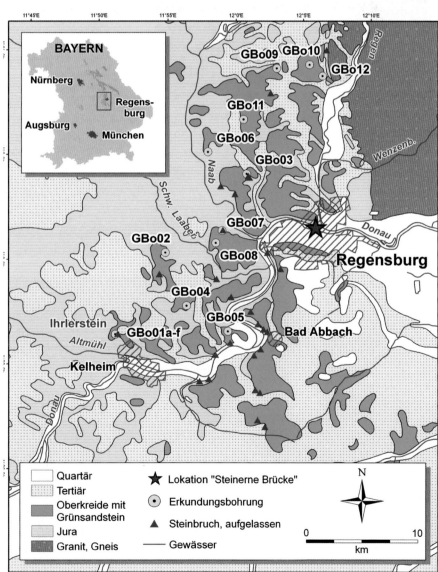

Abb. 2
Übersichtskarte der Regensburger
Grünsandstein-Bohrkampagne
(Grafik: LfU 2009)

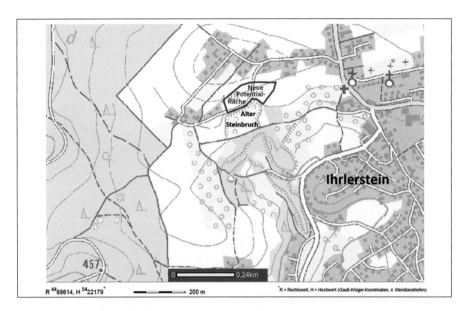

Abb. 3
Potentialfläche eines möglichen
neuen Steinbruchs nördlich des
ehemaligen Steinbruchs Ihrlerstein
(Grafik: LfU 2017)

Abb. 4
Westwand des ehemaligen Thaller
Steinbruchs bei Thalmann/Sinning
(Foto: Poschlod 2015)

Abb. 5
Steinbruch Zill nordöstlich von Berchtesgaden (Foto: Poschlod 2015)

2 Vorarbeiten

Zu Beginn des Projekts wurde eine Liste mit rund 50 Naturwerksteinen zusammengestellt, deren Auswahl sich in erster Linie nach Gesteinen richtete, die derzeit vordringlich für Denkmalrestaurierungen benötigt werden. Die Informationen dazu lieferten das Bayerische Landesamt für Denkmalpflege, die Bayerische Verwaltung der staatlichen Schlösser, Gärten und Seen, Restauratoren, Steinmetze und die in der Denkmalpflege tätigen Ingenieurbüros. Den größten Teil der begehrten Naturwerksteine stellen erwartungsgemäß die Sandsteine, dicht gefolgt von den Karbonatgesteinen. Die Gruppe der übrigen Natursteine (meist Kristallingesteine) ist relativ klein, da diese Gesteine in der Regel auch sehr verwitterungsresistent sind und somit kaum Nachfragebedarf nach ihnen besteht.

Der erste Projektabschnitt umfasste neben der Erstellung der Naturstein-Liste eine umfangreiche Recherche im Karten- und Lagerstättenarchiv des LfU zu Vorkommen und Verwendung von Naturwerksteinen und deren aktueller Situation sowie den Besuch der wichtigsten Naturwerksteinsammlungen in München (TU, LfU) und Wunsiedel (Deutsches Naturstein-Archiv), um die Bandbreite der gesuchten Gesteine kennenzulernen. Es folgte anschließend die Festlegung der Befahrungsrouten für die Geländearbeit.

3 Befahrung, Erfassung und Probennahme

Die (zeit-)aufwändigste Projektphase war die Befahrung, Erfassung und Beprobung der ausgewählten Steinbrüche in ganz Bayern. Allein im Jahr 2015 wurden über 140 Steinbrüche und Aufschlüsse erfasst und, wenn möglich, Proben genommen. Im Jahr 2016 kamen noch etliche Bereisungen hinzu, teilweise wurden schon einmal befahrene Brüche erneut aufgesucht und nachbeprobt, da das zuvor eingesammelte Material aus den Steinbrüchen zu mürbe war oder zu viele von außen nicht erkennbare Risse bzw. „Stiche" aufwies.

Viele der angefahrenen Steinbrüche waren nicht immer in einem so guten Zustand wie der nördlich von Berchtesgaden liegende Ziller Kalksteinbruch (Abb. 5). Oft hinterließen mehr als 50 Jahre der Inaktivität deutliche biologische und anthropogene Spuren wie z. B. durch die Folgenutzung als Müllkippe für Altreifen, Auto-Batterien etc. (Abb. 6).

Einige Brüche stehen nicht nur unter Geotop-, Biotop- oder Natura 2000-Schutz, sondern auch unter Denkmalschutz; hier ist ein Abbau des anstehenden Naturwerksteins aufgrund der rechtlichen Vorgaben auf keinen Fall möglich. Als Beispiel für

eine Gewinnungsstelle, die aufgrund des Denkmalschutzes nicht wieder aufgewältigt werden kann, sei z. B. der Steinbruch am „Banzer Berg" genannt. Dieser Dogger-Sandsteinbruch, welcher das Material für den unweit entfernt liegenden Bau von Kloster Banz und wohl auch für die Kirche in Vierzehnheiligen lieferte, befindet sich in der nordwestlichen Ecke einer frühmittelalterlichen Ringwallanlage. Wie auf dem Schummerungsbild (Abb. 7) klar zu erkennen ist, wurde die Befestigungsanlage durch den Steinbruch dort komplett zerstört. Eine Reaktivierung dieses Steinbruchs würde zu einem weiteren erheblichen Eingriff in das Bodendenkmal führen und ist daher von Seiten der Denkmalpflege absolut ausgeschlossen.

Die Erfassung der Steinbrüche erfolgte auf digitalem Wege. Die erkennbare Breite, Länge und Höhe der abbauwürdigen Lagen sowie deren abzuschätzende Tiefe wurden direkt vor Ort in die GPS-gestützte Software (GEOKART) eines Geländecomputers übertragen und in das Bodeninformationssystems (BIS) des LfU über ArcGIS integriert. Ergänzend wurden die sichtbaren Partien des Steinbruchs fotografiert. Sofern bekannt, wurden ebenfalls Fotos von (steinsichtigen) Denkmalobjekten der Steinbruchumgebung angefertigt.

Nach der Dokumentation erfolgte im Steinbruch die Probenahme der Naturwerksteine. Es wurde

Abb. 6 Stark verwachsener Bruch nahe Rotzenmühle mit einzelnen aus dem veralgten Steinbruchsee herausschauenden Altreifen (Foto: Poschlod 2015)

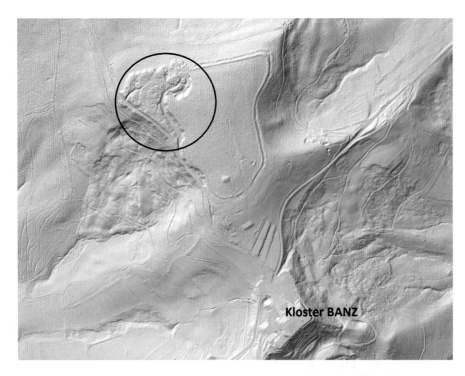

Kloster BANZ

Abb. 7
Im Kreis befindlicher ehemaliger Dogger-Sandsteinbruch in der Nordwestecke der frühmittelalterlichen, glockenförmigen Ringwallanlage am Banzer Berg (Grafik: LfU 2017)

Abb. 8
Lösen eines großen Steins mittels eines Brecheisens durch Fr. Pfeiffer (Foto: Poschlod 2016)

dabei darauf geachtet, möglichst „frisches" Gesteinsmaterial für die Untersuchung und eine Musterplatte zu gewinnen. Schwierig oder gar unmöglich wurde die Probennahme dann, wenn der ehemalige Steinbruch komplett verwachsen oder verfüllt war. Um an gutes repräsentatives Material im Steinbruch heranzukommen, wurde teilweise mit Vorschlaghammer, Brecheisen, Kernbohrmaschine und Akku-Flex gearbeitet (Abb. 8). Oft war man wegen mangelnder Zugänglichkeit der Steinbruchwand auf Haldenmaterial angewiesen, dessen ermittelten gesteinsphysikalischen Werte sind unter Vorbehalt zu bewerten und auch als solche gekennzeichnet.

4 Analytik und Auswertung der Ergebnisse

Die Probenpräparation (Herstellen von Gesteinszylindern etc.) sowie die gesteinsphysikalischen Untersuchungen erfolgten im Bohrkern- und Rohstoff-Analytik-Zentrum des LfU in Hof. Die Farbwerte wurden in der Außenstelle Haunstetterstraße des LfU in Augsburg ermittelt. Zur petrographischen Charakterisierung der Naturwerksteine wurden zumeist an der TU München Dünnschliffe angefertigt und am chemisch-mineralogischen Labor des LfU in Marktredwitz die chemischen Inhaltstoffe mittels Röntgenfluoreszenzanalyse (RFA) sowie die mineralogischen Bestandteile mittels Röntgendiffraktometer (XRD) analysiert.

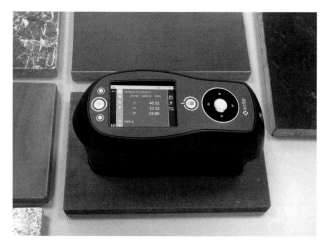

Abb. 9 Messung des L*a*b*-Werts mit einem Kugelspektral-fotometer der Fa. X-Rite auf einem Doggersandstein aus Unterküps (Foto: Poschlod 2017)

Abb. 10 Eine Auswahl von Musterplatten, die im Rahmen des DBU-Projekts hergestellt wurden (Foto: Poschlod 2016)

Das Untersuchungsspektrum umfasst folgende gesteinstechnische Parameter und Farbwerte:

- Rohdichte,
- Reindichte,
- Porosität,
- Wasseraufnahme bei Atmosphärendruck,
- Wasseraufnahme unter Vakuum,
- Sättigungsgrad,
- Kapillare Wasseraufnahme,
- Einaxiale Druckfestigkeit,
- Ultraschallgeschwindigkeit,

- Hygrische Dilatation,
- Frost-Tau-Wechsel-Beständigkeit,
- L*a*b*-Wert.

Die jeweiligen Messwerte wurden in der Regel an fünf Proben des gleichen Bruchs ermittelt, damit man einigermaßen repräsentative Werte erhält. Die Dichtewerte, die Wasseraufnahmewerte (bei Atmosphärendruck und unter Vakuum) und der Sättigungsgrad wurden nach dem Auftriebsverfahren bestimmt (vgl. DIN EN 1936 und DIN EN 13755). Die kapillare

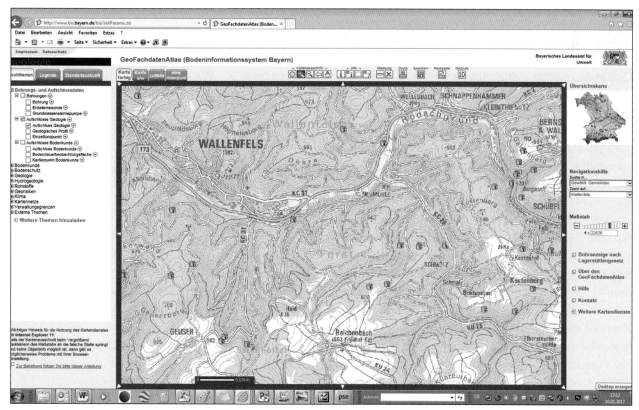

Abb. 11 Geofachdatenatlas Bayern des LfU: Kartenauschnitt der Gegend um Wallenfels mit sämtlichen in der Datenbank „BIS" vorhandenen Aufschlüssen, gekennzeichnet in Form eines Hammersymbols (Grafik: LfU 2017)

Wasseraufnahme wurde analog der DIN EN 1925 durchgeführt. Die einaxiale Druckfestigkeit der Gesteine wurde mit einer Universalprüfmaschine der Firma Zwick (Modell Z 400 E) geprüft (vgl. DIN EN 1926). Die Ultraschallgeschwindigkeit an den Gesteinsproben wurde mit einem PC-gestützten Ultraschall-Prüfsystem der Firma Geotron und magnetostriktiven Gebern gemessen (analog DIN EN 12504-4). Die Hygrische Dilatation erfolgte mit handelsüblichen Dehnungsmessuhren im Wasserbad. Die Frost-Tau-Wechsel wurden in einem Spezial-Klimaschrank der Firma Vötsch ausgeführt (gemäß DIN EN 12371). Die Farbe wurde mit einem Kugelspektralfotometer der Firma X-Rite nach dem CIELab-System (DIN EN ISO 11664-4) bestimmt. Hierbei wurde immer der Durchschnitt aus drei Farbmessungen ermittelt und bei nicht unifarbenen Gesteinen die vom optischen Eindruck her wichtigsten farbgebenden Partien für die Messung ausgewählt (Abb. 9).

In jedem Steinbruch wurde so viel Probenmaterial gewonnen, dass daraus eine genügend große Anzahl an Probekörpern (aus statistischen Gründen) angefertigt werden konnte. Wenn in einem Aufschluss mehrere Varietäten ein und desselben Naturwerksteins anstehen (z. B. Tegernseer „Marmor" vom Steinbruch Enterbach in den Varietäten: rot, grau und (beige-)orange), so wurde dementsprechend mehr Material eingesammelt, um jede Varietät getrennt untersuchen zu können. Auch wurde, falls es möglich war, ein (großer) Steinblock geborgen, aus dem Musterplatten geschnitten werden konnten, die dann dem LfU und dem BLfD als Anschauungs- und Dokumentationsmaterial über ehemalige Naturwerksteinvorkommen in Bayern dienen (Abb. 10). Diese Musterplatten wurden im Europäischen Fortbildungszentrum für das Steinmetz- und Steinbildhauerhandwerk (EFBZ) in Wunsiedel in der Größe 15 cm × 24 cm angefertigt. Dies entspricht genau der gleichen Größe wie die Platten der Internationalen Naturwerkstein-Sammlung in Wunsiedel.

Sämtliche in diesem Projekt gewonnenen Daten und Ergebnisse wurden im Bodeninformationssystem Bayerns (BIS) des LfU zusammengeführt und werden bis voraussichtlich Ende des Jahres in den Geofachdatenatlas bzw. Umweltatlas Bayern (www.bis.bayern.de) übertragen (Abb. 11). Ab diesem Moment steht dann ein digitales Kataster der Naturwerksteinvorkommen jedem Geowissenschaftler, Planer, Restaurator oder Interessierten zur Verfügung. In einer späteren Version sollen diese Daten auch mit Objekten aus dem Denkmalatlas Bayern verknüpft werden.

Im derzeit im Entstehen befindlichen Abschlussbericht des DBU-Projekts werden im Anhang etwa 40–50 Steckbriefe der wichtigsten historischen Naturwerksteine Bayerns abgebildet. Ein Entwurfsbeispiel eines derartigen Steckbriefs ist im Anhang dargestellt.

5 Ausblick

Das Projekt soll dazu beitragen, dass ein Denkmalpfleger oder Restaurator auf einfache Weise durch einen Blick in eine allgemein zugängliche Internetdatenbank feststellen kann, ob der verwitterte, auszutauschende Naturwerkstein eines Denkmals noch vorhanden ist oder ggf. im Rahmen eines vorübergehenden Abbaus bereitgestellt werden könnte. Falls ein Naturwerkstein aus bestimmten Gründen definitiv nicht mehr geliefert werden kann, sollen Gesteine mit ähnlicher Farbe und ähnlichen Eigenschaften vorgeschlagen werden.

Literatur

[1] Poschlod, K. (2009): Erkundung und Untersuchung von Regensburger Grünsandstein – Kurzbericht zu den im Dez. 2008 und Jan. 2009 abgeteuften Bohrungen in der Umgebung des ehemaligen Steinbruchs Ihrlerstein. 5 S.; unveröffentl. Bericht, Augsburg (LfU).

[2] Poschlod, K.; Wamsler, S. (2009): Gesucht: Grünsandstein für die Steinerne Brücke in Regensburg. S. 63–64; in: BAYERISCHES LANDESAMT FÜR UMWELT: Berichte u. Ereignisse 2008. 116 S., Augsburg (LfU).

[3] Poschlod, K.; Sutterer, V.; Wamsler, S. (2017): Erkundung und Untersuchung von Regensburger Grünsandstein. ca. 60 S.; Augsburg (LfU) [in Druck].

[4] Poschlod, K. (2015): Erfassung historischer Naturwerkstein-Vorkommen als Grundlage für deren umweltverträgliche Reaktivierung zur Restaurierung von Denkmalgebäuden in Bayern. S. 13–19; in: Bund Heimat und Umwelt in Deutschland (BHU): Naturstein – nachhaltiger Umgang mit einer wertvollen Ressource. 144 S.; Bonn (BHU).

Regensburger Grünsandstein: Bruch „Ihrlerstein"

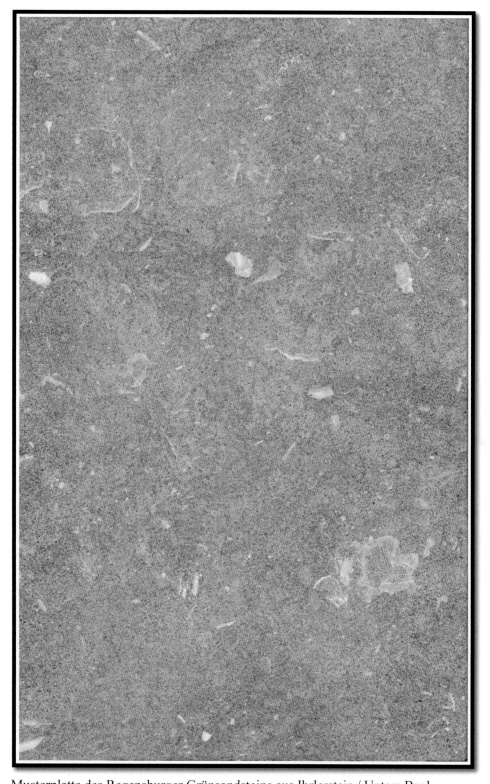

Musterplatte des Regensburger Grünsandsteins aus Ihrlerstein / Untere Bank

Anhang Entwurfsbeispiel Steckbrief „Regensburger Grünsandstein"

Allgemeine Kennwerte „Steinbruch Ihrlerstein"

Proben-Nr.	P 406
Objekt-ID (BIS)	7037AG000020
Lage (Gemeinde/Gemarkung)	Ihrlerstein / Neukelheim
Flur-Nr.	334/29
RW	4489445
HW	5422571
Geländehöhe (m ü.NN)	480
Stratigraphie	Kreide , Regensburg Formation
Zustand des Bruches	aufgelassen, verwachsen
Mächtigkeit des Abraums	5 - 6 m
Abbaubare Gesamtmächtigkeit	ca. 9 m
Mächtigkeit der Werksteinbänke (Blockgrößen)	3,0 m x 1,5 m x 1,3 m
Kluftweite/Klüftung	innerhalb oberer + unterer Bank wenig
Schichtung	innerhalb der Bänke kaum erkennbar
Verwitterungsgrad an der Oberfläche	vergraut, erkennbare Aufrauhung
Erweiterungsmöglichkeiten der ehem. Abbaustelle	nach N+NE (durch Bohrungen belegt)
Befahrung (Datum / Personen)	17.11.2015 Poschlod/Pfeiffer/Bittner

Steinbruch Ihrlerstein, Nordwand

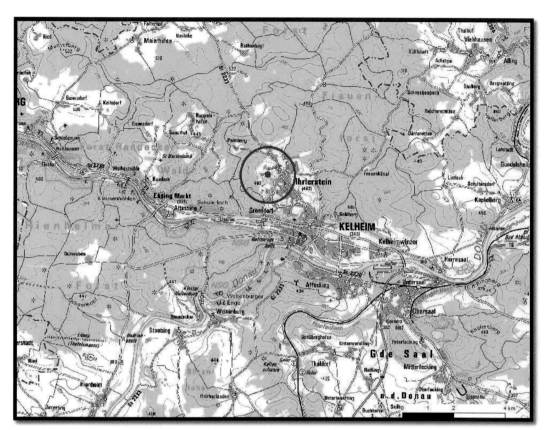

Lageplan „Steinbruch Ihrlerstein"

Luftbild „Steinbruch Ihrlerstein"

Geologische Situation „Steinbruch Ihrlerstein"

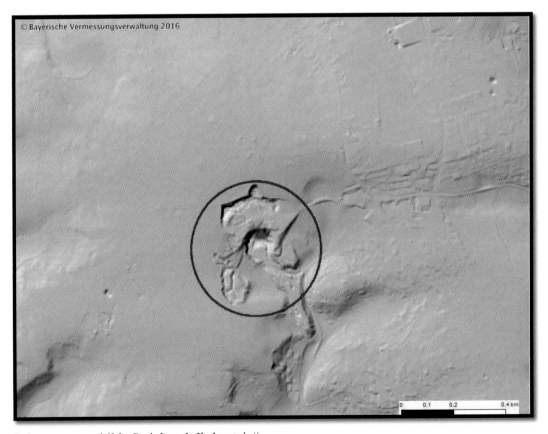

Schummerungsbild „Steinbruch Ihrlerstein"

Technische Kennwerte „Steinbruch Ihrlerstein"
(Schwankungsbreite aller Messdaten von oberer und unterer Bank)

Rohdichte	(g/cm3)	1,96 - 2,53
Reindichte	(g/cm3)	2,61 - 2,73
Porosität	(Vol %)	3,0 - 28,0
Wasseraufnahme unter Atmosphärendruck	(Gew.%)	2,26 - 6,99
Wasseraufnahme unter Vakuum	(Gew.%)	5,40 -12,92
Sättigungsgrad	(-)	0,42 - 0,96
Kapillare Wasseraufnahme	(kg/m2*√h)	0,08 - 0,92
Druckfestigkeit	(MPa)	21 - 71
Ultraschallgeschwindigkeit	(m/s)	2571 - 4252
Hygrische Dilatation	(μm/m)	5,4 - 29,0
Frost-Tau-Wechsel		bereichsweise unbeständig
L*a*b*-Wert (Musterplatte)	(-)	L*: 64,43, a*: -0,87, b*: +11,25

Chemische Kennwerte „Steinbruch Ihrlerstein"

Aluminiumoxid	(%)	1,41 - 4,10
Calciumoxid	(%)	18,89 - 25,48
Gesamteisen-(III)-Oxid	(%)	4,56 - 5,67
Kaliumoxid	(%)	0,89 - 1,93
Magnesiumoxid	(%)	0,73 - 1,35
Manganoxid	(%)	0,02 - 0,08
Natriumoxid	(%)	0,04 - 0,09
Phosphoroxid	(%)	0,06 - 0,26
Siliziumoxid	(%)	39,97 - 55,91
Titanoxid		0,10 - 0,15
Glühverlust 1050 °C (Wägung)	(%)	16,29 - 21,82
Summe Hauptelemente RFA	(%)	99,71-100,11

Mineralogische Kennwerte „Steinbruch Ihrlerstein"

Calcit	(Gew.-%)	35 - 89
Dolomit	(Gew.-%)	0 - 4
Ankerit	(Gew.-%)	0 - 6
Quarz	(Gew.-%)	11 - 53
Illit	(Gew.-%)	0 - 11
Glaukonit	(Gew.-%)	0 - >11

Dünnschliff

Dünnschliffbild des Ihrlersteiner Grünsandsteins aus der Unteren Bank, Bildbreite 7,5 mm. Gut zu erkennen sind große Schalenbruchstücke (dunkelgrau), die mittelgroßen hellen gerundeten Quarzkörner, die kleinen eckigen Calcit- und Dolomitpartikel sowie die gleichmäßig verteilten dunkelgrünen bis braungrünen Glaukonite. Dieses Dünnschliff-Foto stellte Herr Wilmsen zur Verfügung (aus WILMSEN & NIEBUHR 2014).

Geschichte, Beschreibung und Verwendung des Gesteins

Ihrlerstein verdankt seinen Namen dem Steinmetzmeister Jakob Ihrler, der 1791 in Dietfurt an der Altmühl geboren wurde. Er lernte in Kelheim bei seinem Stiefvater Marx das Steinmetzhandwerk. Nach dessen Tode übernahm er 1822 den Kelheimer Betrieb und lieferte die Steine zum Bau der Ludwigsbrücke in München. Nachdem der alte "Grüne Bruch" beim Brünnerl erschöpft war, eröffnete er 1825 einen neuen Steinbruch (im Bereich des jetzigen Ihrlersteiner Steinbruchs). Ihrler beschäftigte damals etwa 200 Arbeiter. Gemäß einem Gelübde wollte er für die zahlreiche Einwohnerschaft eine Kirche errichten. Jedoch kam es dazu nicht mehr, da er 1852 starb. Sein Schwiegersohn Carl Anton Lang erfüllte aber den Wunsch Ihrlers und erbaute in der Zeit von 1860 bis 1873 die Jakobskirche in Ihrlerstein.

Der Grünsandstein ist einer der inhomogensten Sandsteine Bayerns (vgl. gesteinsphysikalische und mineralogische Tabellen) und kommt in 7 Varietäten vor, von denen mit Abstrichen nur 4 als Bausteine verwendbar sind (POSCHLOD 2008).

Für folgende Bauten und Monumente wurden Steine aus Ihrlerstein bezogen:

München: Alte und Neue Pinakothek, Kelheim: Befreiungshalle, Ingolstadt: Reduit Tilly, Regensburg: Dom, Lindau: Bayer. Löwe und Leuchtturm etc.

Beurteilung des Steinbruchs

Der Steinbruch liegt seit Anfang der Neunziger Jahre des letzten Jahrhunderts still. Die ursprünglich beabsichtigte Erweiterung nach Westen wurde aufgrund der Anwohner und einer westlich des Bruchs befindlichen Störung eingestellt. Im Rahmen eines vom bayerischen Wirtschaftsministerium finanzierten Erkundungsprogramms wurden in der Umgebung des Bruches mehrere Bohrungen abgeteuft. Die Untersuchung der Bohrkerne ergab, dass nördlich des Bruches eine Erweiterungsmöglichkeit von ca. 2,2 ha besteht. Die abbaubare Mächtigkeit liegt bei ca. 9 m.

Literatur

ENDLICHER, G.(1984): Petrographisch-Mineralogische Untersuchungen der Bausteine und Verwitterungskrusten des Regensburger Domes. Acta Albertina Ratisbonensia, **42**: 53-80; Regensburg.

POSCHLOD, K. (2008): Erkundung und Untersuchung von Regensburger Grünsandstein - Vorläufiger Bericht.- 11 S.; unveröffentl. Bericht, Augsburg (LfU).

RUTTE, E. (1962): Erläuterungen zur Geologischen Karte von Bayern 1: 25 000, Blatt Nr. 7037 Kelheim. – 243 S.; München (Bayerisches Geologisches Landesamt).

WILMSEN, M. & NIEBUHR B. (2014): The rosetted trace fossil Dactyloidites ottoi (Geinitz, 1849) from the Cenomanian (Upper Cretaceous) of Saxony and Bavaria (Germany): ichnotaxonomic remarks and palaeoenvironmental implications.- Paläontol Z., **88**: 123-138; Berlin, Heidelberg

Verwendungsbeispiele

Alte Pinakothek München

Neue Pinakothek München

Neue Pinakothek München, Detailaufnahme Wandplatte

Organische und anorganische Komponenten von Verschmutzungen an Bauwerksfassaden
1. Folgen für die Reinigungstechnik
2. Ursache für Hydrophobie

von G. Grassegger, U. Dettmann, E. Wendler, E. Hartmann, A. Kieferle, N. Hommrichhausen und O. Wölbert

Die Zusammensetzung von Schmutzkrusten und mikrobiologischen Schichten auf Bauwerksfassaden wurden systematisch mit hochaufgelösten organischen Verfahren – Gaschromatographie-Massenspektrometrie (GC-MS) und Time-of-Flight Sekundärionen-Massenspektrometrie (TOF-SIMS) – untersucht, dies vergleichend zu den herkömmlichen anorganischen und petrographischen Verfahren sowie zu Aspekten der Immissionschemie. Hierbei wurde auch die Auswirkung von einigen Reinigungsverfahren testweise miterfasst. Die Ergebnisse wurden dabei in der Praxis in ihrer Auswirkung auf die Reinigungsverfahren bewertet.

1 Einleitung und Zielsetzung der Untersuchungen

Im Rahmen eines DBU-Forschungsprojektes wurden mehrere Bauwerke mit alten Hydrophobien auf deren Zustand untersucht. Mehrfach fielen starke hydrophobe Effekte durch Verschmutzungen und organischen Bewuchs auf, deren Ursachen chemisch bis physikalisch nachgegangen werden sollte. Diese angetroffenen hydrophoben Schichten zeigten optische Verschmutzungen bis sehr starke Veralgungen, biogenen Bewuchs und Verschwärzungen durch Verschmutzungen, die hochaufgelöst mikroskopisch, chemisch und mineralogisch-petrographisch untersucht wurden, beispielsweise an Ausbauproben der Basilika Weingarten, der Stadtkirche Neuenstein/ Öhringen (Abb. 1, 2) und der St. Anna-Kirche in Bernhardsweiler/Fichtenau (Abb. 3 bis 6).

Als Versuch wurden nur Anteile der Verschmutzungen mittels hochwertiger Baureiniger aber auch anderer Reiniger behandelt, um zum einen nur Anteile chemisch zu lösen und zum anderen die Rückstände auf Baustoffen und Effekte der andersartigen Hydrophobie besser beurteilen zu können.

2 Kenntnisstand der Zusammensetzung von Verschmutzungen

Es gibt viele Ansätze die Schmutzkrusten und die eingedrungenen Anteile in die Poren des Materials chemisch und analytisch zu erfassen (Steiger et al., 1994, Ghedini et al., 2006, Fallstudienbeispiel in Pache, 1997, Grassegger, 2014, Grassegger et al., 2016, Auras u. Snethlage, 2015, Zier u. Seifert, 2001 u.a.). Die Arbeiten detektieren auf Grund der analytischen Methodenwahl (Mikroskopie, REM-EDX, RFA, Petrographie, Salzanalysen u.ä.) immer nur den anorganischen Anteil mit interessanten Befunden: z.B. dass Gips, Salze, Stäube, Schwermetalle etc. in sehr porösen Schichten und stark positionsabhängig deponiert und partiell erhalten bleiben. Diese Schmutzkrusten greifen z.T. das Substrat an und führen zu zahlreichen bauphysikalischen Effekten. Auch die Feinstaubbelastung in Hinblick auf NOx, Partikeltypen und deren Eintrag wurden systematisch untersucht (Auras u. Snethlage, 2015).

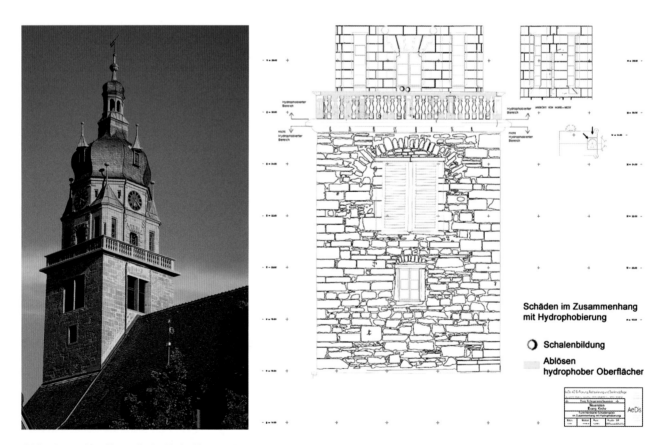

Abb. 1a und b Evangelische Kirche Neuenstein:
links, 1a: Ansicht der Kirche (Quelle: Foto © Roman Eisele, Bad Rappenau),
rechts, 1b: Schadensplan in Zusammenhang mit Hydrophobierung (Schäden hier gelb schraffiert, Arbeiten Fa. AeDis, A. Kieferle)

3 Objekte mit Althydrophobien und organischem Bewuchs – hochaufgelöste organische und anorganische Untersuchungen der Verschmutzungen und Schmutzkrusten

Es sind an mehreren Bauwerken derartige Verschmutzungen – kombiniert mit „Hydrophobieeffekten" und tatsächlich dokumentierter alter Hydrophobie – systematisch auf ihre Ursachen und chemische Zusammensetzung untersucht worden.

3.1 Testreinigungen auf verschmutzten, hydrophoben Oberflächen

Es wurden als experimenteller Ansatz die unveränderten Oberflächen sowie diese nach diversen Testreinigungen systematisch mit anorganischen und organischen Methoden untersucht. Beispielhaft sind die Musterflächen chemisch und mittels Dampfstrahlen gereinigt worden. Alle Anwendungen von professionellen Bauwerksreinigern erfolgten nach Firmenangaben. Es wurde anschließend zusätzlich dampfgestrahlt, Nacharbeiten erfolgten einen Tag später. Alle Versuche wurden restauratorisch in der Werkstatt der Fa. Aedis, H. Kieferle und an früher hydrophobiertem und verschmutztem Material der Basilika Weingarten im Labor der HFT-Bauchemie wiederholt (Abb. 1 bis 6). Die Reinigungsergebnisse waren qualitativ identisch (Tab. 1).

Die chemischen Reinigungen mit den besten optischen Ergebnissen werden in Tabelle 1 in absteigender Reihenfolge dargestellt.

Abb. 2 Reinigungsversuche an einer ausgebauten Balustrade der Kirche Neuenstein mittels chemischen Reinigern und Dampfsauger in der Aedis-Werkstatt. Test der Wasseraufnahme mit Karstenschen Prüfröhrchen nach der Reinigung

Als Fazit kann gesagt werden, dass bei allen erfolgreichen Reinigern nach der Reinigung ein Teil der Poren geöffnet und somit die kapillare Wasseraufnahme schwach bis deutlich erhöht war (Abb. 2). Die sehr spezifischen Reinigungseffekte (Aufhellungen, Verbesserung der Wasseraufnahme, optische Abnahme des „Schmutzes") entsprechen natürlich im Detail chemischen Extraktions- und Aufschlussverfahren. Die Verschmutzungen in Kombination mit Bewuchs und z.T. alten Hydrophobierungen sowie die Reinigereffekte und Rückstände, wurden chemisch hier nachuntersucht.

Tab. 1 Chemische Reinigung und Dampfreinigung bewertet

Reinigungsmittel/-methode	Zusammensetzung	Bemerkung
Fa. Lithofin MN Außenreiniger unverdünnt, Wirkzeit 2–10 h, mit Wasser und Bürste abwaschen, ggf. leichte Verunreinigungen nach 10 min. nochmals mit Wasser und Bürste abwaschen	Natriumcarbonat, Natriumhypochlorid, unter 5 % Bleichmittel auf Chlorbasis, pH-Wert im Lieferzustand ca. 11,5–13,5 u. v. a.	Optisch guter Reinigungseffekt, bestes Ergebnis. Chemische Bewertung der Effekte s. u.
Fa. Lithofin ALLEX, der Grünbelag-Entferner; unverdünnt angewendet	Quaternäre Ammoniumverbindungen, Benzyl-C12-16-alkyldimethyl-, Chloride, 15 g/100 g. Hilfsstoffe, Biozide u. v. a.	Optisch mäßiger Reinigungseffekt, zweitbestes Ergebnis
Tensidmischungen	Technische Mischungen aus der Textilreinigung zur Fleck- und Fettentfernung (Einsatz nicht herstellerentsprechend, Tenside nicht spezifisch bekannt).	Deutliche Reinigungseffekte
Dampfreinigung mit einem handelsüblichen Gerät Temperatur über 100 °C Ausgangstemperatur, Material geschätzt auf 50 °C erwärmt, Bearbeitungszeit ca. 20 Minuten, Arbeitsabstand ca. 20 cm		Optisch geringer Reinigungseffekt

Abb. 5 Beprobung aller hydrophoben Oberflächen und Reinigungsversuche am 20.4.2016, übliche chemische Reiniger, Sockel der Südfassade St. Anna-Kirche Bernhardsweiler (Fichtenau). Zustand während der Reinigung

Abb. 3 Die südliche Fassade der St. Anna-Kirche Bernhardsweiler (Fichtenau), Sockel, Abdeckplatten des Sockels und aufgehendes Mauerwerk an denen die Versuche gemacht wurden, links vom Eingang auf dem Bild (April 2016)

Abb. 6 Musterfelder und Erfolgskontrolle des Zustandes nach der Reinigung am 20.4.2016, verschiedene chemische Reiniger, Südfassade St. Anna-Kirche Bernhardsweiler (Fichtenau)

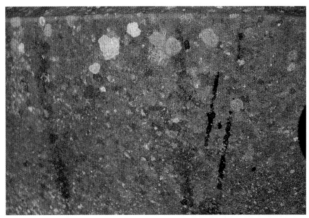

Abb. 4 Abdeckplatten des Sockels, ca. 60 % Gefälle, mit Wassertropfentest. Ergebnis: Wasser wird nicht aufgenommen sondern läuft ab, hydrophobe Oberfläche! (St. Anna-Kirche Bernhardsweiler/Fichtenau, April 2016). Biologischer Bewuchs: unten schwarz-pelzig, oben mit grünen Algen und Flechten

3.2 Untersuchung der Zusammensetzung von Schmutzkrusten und biogenen Schichten mittels optischer, petrographischer und spektroskopischer Methoden

Die Baustoffoberflächen mit den Krusten/Verschmutzungen wurden mit einer Vielzahl von Methoden untersucht. Die signifikantesten Ergebnisse werden nachfolgend genannt:

1. **Röntgenbeugung, Phasenbestand im Pulverdiffraktogramm der „Krusten" und Tiefenprofile:** Es sind kaum Verschiebungen zu erkennen. A: Zunehmend zur Oberfläche erhöhte Magnetit- und Rutilgehalte, interpretiert als Flugrost, Bestandteil der Stäube. B: Bei Magnetit u. U. Aufoxidation der Minerale. C. Die Peakhöhe erscheint insgesamt geschwächt. D: Manchmal sind Untergrunderhöhungen, d. h. amorphe Anteile festzustellen. E: In sehr algenreichen Oberflächen ist

auch häufig der Gipsgehalt erhöht. F: Lokal andere Salze kristallographisch nachweisbar.

A–F sind als geringe Effekte zu werten.

2. **Petrographische Dünnschliffe und REM/ EDX an den Verschmutzungen und biogenen Schichten:** Wie bekannt sind im Dünnschliff nur die Dicke, das Eindringen der Verschmutzung/ „Algen" und der meist dunkle, krypotkristalline Bestand erfassbar. Die Oberfläche war im Detail schwarz-pelzig (Abb. 4, unten; Abb. 5 ganz links) und nahm kaum Wassser auf. Im REM/ EDX waren hingegen der warzige Aufwuchs, der Verschluss der Poren und „biogene Fäden, Nester und Zellen" gut erkennbar (Abb. 7 und 8). Die beste chemische Abreinigung (Abb. 9) hatte nur Teile des Bewuchses entfernt und einige Öffnungen geschaffen. (Dr. Warscheid/Mikrobiologe, pers. Mitteilung: Es entspricht seinen Forschungen, dass auf sehr trockenen Untergünden Mikroorganismen wasserabweisende Substanzen als Schutz vor Austrockung einlagern).

3. **Mittels chemischer Spurenanalytik an Festkörpern (RFA, p-RFA)** sind bereits in den Schmutzschichten häufig erhöhte Fe-, P-, Ti-, S-, Zn-, Al-, Si- u. a. Gehalte nachgewiesen worden.

Der bei einmaliger und einfacher Anwendung verbesserte Wasseraufnahmeeffekt fällt nur geringfügig aus, aufgrund umfangreicher Reste der Verschmutzungen und teilweisem Verschluss der Poren (Abb.9).

3.3 Organisch-chemische Untersuchungen und Bewertung der Herkunft der Substanzen

Isolierte mg-Proben der Schmutzkrusten (Parallelproben) wurden mittels GC-MS (Verfahren: Thermodesorption bei 300 °C und Pyrolyse bei 550 °C, GC/MS: Agilent GC 6890N, Säule Phenomenex Zebron ZB-5MSI, Detektor: Agilent 5973 inert MSD) in die Einzelkomponenten aufgetrennt und massenspektrometrisch identifiziert (Abb. 10 bis 12).

Insgesamt wurden bei jedem untersuchten Bauwerk (Abb. 10 bis 12) in wechselnden Mengen folgende Verbindungen in den Verschmutzungen bis organischen Überzügen mittels GC-MS gefunden:

- **Vermutlich organogene Entstehung:** Dimethylsulfid, Essigsäure, zuckerähnliche Verbindungen: Levoglucosenon, Levoglucosan (linksdrehende Zucker), Fettsäuren: Pentadekansäure, Palmitinsäure, N-haltigen Substanzen Trimethylamin, Pyrrol, Pyridin sowie zuckerähnliche Verbindungen.

- **Umweltanteile:** Furane, Furfural und verschiedene Derivate, in Innenstädten vermehrt PAKs:

Abb. 7 REM-Rückstreubild der ungereinigten Sandsteinoberfläche der Kirche St. Anna in Bernhardsweiler (Fichtenau). Auf der Oberfläche ist starker mikrobiologischer Bewuchs zu erkennen (HFT-Bauchemielabor und ATU/Herrenberg).

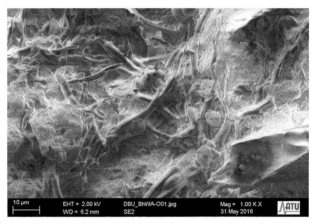

Abb. 8 REM-Sekundärelektronenbild der ungereinigten Sandsteinoberfläche der Kirche St. Anna in Bernhardsweiler (Fichtenau). Hohe Auflösung: Auf der Oberfläche ist starker mikrobiologischer Bewuchs als Fäden, Nester und Zellen zu erkennen (HFT-Bauchemielabor und ATU/Herrenberg).

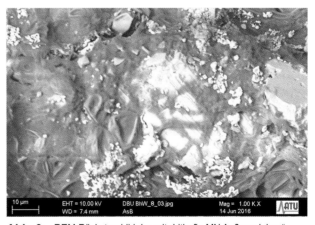

Abb. 9 REM-Rückstreubild der mit „Lithofin MN Außenreiniger" gereinigten Sandsteinoberfläche der Kirche St. Anna in Bernhardsweiler (Fichtenau): Große Teile des mikrobiologischen Befalls wurden entfernt und Poren z. T. geöffnet (HFT-Bauchemielabor und ATU/Herrenberg). Von allen getesteten Reinigungsmitteln zeigt es hier optisch die beste Reinigungswirkung. Die Wasseraufnahme wird dadurch nur gering verbessert (getestet mit dem Karstenschen Prüfröhrchen, AeDis).

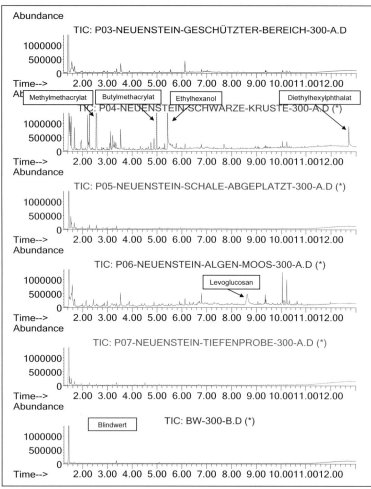

Abb. 10

GC-MS Messung an deutlich unterschiedlichen Bereichen von schwarzen Krusten, vermoosten Bereichen, unter Krusten der evangelischen Stadtkirche Neuenstein (B.W.) und einem sauberen Standard (ATU/Herrenberg, Dr. E. Hartmann, 2.6.2015)

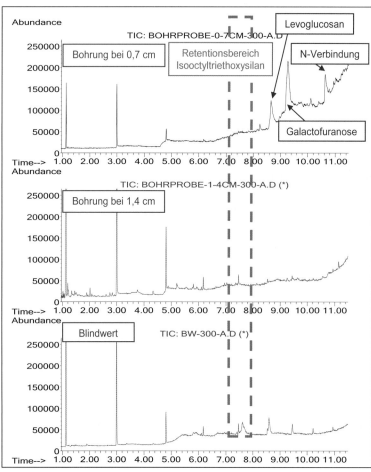

Abb. 11

Veralgte Ihrler Grünsandstein-Probe, ca. 12 Jahre in München von Dr. E. Wendler exponiert. Es treten die typischen, vermutlich organischen und organogenen Verbindungen auf (ATU/Herrenberg, Dr. E. Hartmann, 27.11.2015).

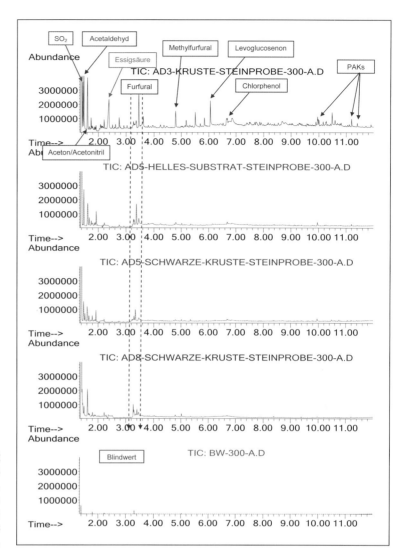

Abb. 12
Verschmutzung des Aachener Doms, mittels GC-MS (ATU/Herrenberg, Dr. E. Hartmann, Juni 2015). Es wurden die oben genannten organischen Spuren vor der Reinigung identifiziert. Einer der höchsten Peaks bei einer Retentionszeit von 1,41 min. wurde als SO_2 detektiert.

Phenanthren, Fluoranthen, Fluoren, Pyren und Anthracendion.

- **Mittel, möglicherweise aus alten Restaurierungen, Lösemittel**: Methylmethacrylat, Butylmethacrylat, 2-Ethylhexanol, Di-(2-Ethylhexyl) phthalat (Weichmacher DEHP), Kohlenwasserstoffe, auf allen Proben wurden in Spuren zyklische Ether (Furan + Furanderivate) gefunden.

- **Alte Verschmutzungen, Innenstadtlagen z. B. am Aachener Dom:** Vor der Reinigung (Abb. 12) wurden besonders hohe Konzentrationen der Verbindungen und höhere Werte an PAKs gefunden; letztere sind sicher überwiegend an Ruß- und Verbrennungsprodukten in den schwarzen Krusten in Folge der Innenstadtlage gebunden. Der sehr hohe SO_2-Gehalt wurde bei ca. 1,41 min. Retentionszeit und einem Massenpeak von 64 identifiziert. Diese Ergebnisse entsprachen den üblichen Befunden der anorganischen Methoden und Schwermetallspuren (Überblick in Grassegger et al., 2016).

Bei derzeit laufenden erweiterten Analysen mittels Time-of-Flight Sekundärionen-Massenspektrometrie (TOF-SIMS) wurden die Ergebnisse der GC-MS kontrolliert und verifiziert.

3.4 Bewertung der hydrophoben Ursachen und Umweltschutzaspekte

Untersuchungen von Umweltschadstoffen werden im Rahmen **kurzzeitiger** Analysen der Gase, Lösungen in Regen bis Feinstäube in Bereichen wie Atmosphärischer Chemie, Luftchemie, Schadstoffanalysen – Immissionen etc. durchgeführt. Diese Ergebnisse wurden bisher nur punktuell mit Bauwerksdepositionen verglichen. Außerdem sind die Nachweismethoden kaum vergleichbar und übertragbar.

Die Depositionen auf Stein, seien sie nun rein durch Stäube („Feinstaubdiskussion") angelagert, an biogene Schichten oder Organismen („Biofilme") gebunden oder sogar aktiv durch Organismen aufgenommen, spiegeln eine jahrzehntelange Depositionsgeschichte wieder. Diese entspricht sogar dem Zeitraum seit der Herstellung des Bauwerks oder der Zeit nach der letzten Reinigung. Bestimmte gut wasserlösliche Anteile werden auch in Deutschland durch den Regen laufend ausgespült. Aus all diesen Gründen kommt es zu einer Aufkonzentration von z. T. harmlosen Anteilen bis hin zu Umweltschadstoffen. Die Adsorption („Klebrigkeit") bis Bindungen dieser biologischen Strukturen müsste chemisch-physikalisch mit erfasst werden.

Fazit: In früheren BMFT- und BMBF-Projekten (Förderkennzeichen Bau 7014, 7015 etc., ca. 1990–2000), die u. a. intensive mikrobiologische Besiedlung von Bauwerken zum Gegenstand hatten, legen die mikrobiologischen Analysen von Bock, Krummbein, Warscheid, Petersen und Mitarbeiter eine starke Wechselwirkungen zwischen anorganischen und biogenen Belastungen nahe. Auch hierbei wurden nur mikrobiologische, fachspezifische Verfahren verwendet, die wiederum anorganische Wechselwirkungen kaum miterfassten (pers. Mitteilungen von T. Warscheid, C. Flemming, 2016).

Erst diese methodisch fachübergreifend als eine der ersten durchgeführten Analysen an schwarzen Krusten zeigen, dass die organischen Umweltschadstoffe und die biogenen Verbindungen hier inniglich verwachsen und kaum trennbar sind und in der „anorganischen Deposition" möglicherweise eine große Rolle spielen. Dies gilt auch, wenn die bisher diskutierte trockene oder nasse Deposition von SO_2 und seine späteren Verbindungen sowie Stäube quantitativ die größte Rolle bei Schmutzkrusten spielen. (Ein detaillierter Vergleich mit Daten sonstiger Umweltmessungen ist in Planung.)

4 Schlussfolgerungen für eine Reinigung

Eine Reinigung führt hier nicht nur zu einer deutlichen optischen Verbesserung, sondern nimmt bei behutsamem Vorgehen auch die meisten dieser Problemstoffe vom Bauwerk.

Wie dargelegt, wurden der hohe organische Anteil und die biogenen Substanzen durch eine Vielzahl von sich ergänzenden Methoden in den Projekten gemessen und zusammen mit der Art der Bildung – als eines der ersten Male – hier im Überblick gezeigt. Eine Bewertung der gefundenen Substanzen zeigt die große Breite der chemischen Löslichkeit (Tab. 2).

Anmerkungen: In vielen Fällen konnte der Eintrag und die Quelle der Substanzen als Partikel/Stäube

von der Bildung vor Ort anhand der Methoden nicht klar unterschieden werden, aber die vermutliche Herkunft wurde in Tabelle 2 in der letzten Spalte vermerkt. (Ein Datenabgleich mit den Arbeiten aus dem Bereich Umweltchemie, Auras und Snethlage, 2015 und Arbeiten zur Chemie von Immissionen ist derzeit in der Ausführung).

Quantifizierung von Salzlösung bei Wasserreinigungen: In letzter Zeit wurden von der HFT-Bauchemie Hoppenlaufriedhof/Stuttgart auf Anregung der Restauratoren (J. Weigele, G. Schmid) Salzkonzentrationen im Ablaufwasser von (vorher untersuchten) versalzenen Grabsteinen quantitativ bestimmt. Die Ergebnisse zeigten einen sehr hohen Anteil von ca. 0,2 g/l Chlorid und Nitrat und ca. 0,2–0,5 g/l Sulfat im Ablaufwasser, d. h. Wasserdampfreinigungen bis Durchspülungen sind bei stabilen Oberflächen und der Kombination von mehreren Maßnahmen erfolgversprechend.

Fazit: Als Fazit kann gesagt werden, dass es keine Methode gibt, die alle sehr komplexen Verschmutzungen entfernt (Tab. 2) und alle chemisch erforderlichen Reinigungsprozesse optimal abdecken würde. Aber auf Grund der hohen Anteile von Salzen und dem „Verbacken" der Schmutzkrusten durch Algen/organischen Bewuchs sind folgende Verfahren, die sich in der Praxis sehr bewährt haben, **als Abfolge** als gut zu bewerten.

Vorgeschlagene Reinigungsabfolge, Schritte:
1. Schnelles, kurzes Abdampfen mit Heißwasserdampfstrahlern (falls von der Stabilität der Oberfläche möglich), zur biologischen Bewuchs- und Filmbeseitigung.
2. Kaltwasser-Durchspülung zur Lösung der Salze mit schneller Abführung des Ablaufwassers.
3. Partikel- oder Eisstrahlung zur Entfernung von mechanisch stark haftenden Schichten.

Folgende Neuerungen sind aus den Untersuchungen ableitbar:
1. Reinigungen entfernen sehr komplex zusammengesetzte Schichten. Der organische Bewuchs spielte als Verbackung, Kleber und Absorber für Schadstoffe und Stäube eine herausragende Rolle.
2. In Verschmutzungen sind auch in Spuren Umweltschadstoffe angereichert, die mit entfernt werden. Dieser echte „Reinigungseffekt" von Bauwerken sollte auch im Sinne des Umweltschutzes und Bauwerksunterhalts als sehr willkommen angesehen werden.

Tab. 2 Anorganische und organische chemische Substanzen in Verschmutzungen auf Bauwerken, Verhalten bei Reinigungen und mögliche Quellen

Substanz	Löslichkeit in Wasser	Mögliche Reinigung, beste Reinigung	Anmerkung, Herkunft der Verschmutzung
Salze, z. B. Gips	Mittel bis hoch, Gips: 2 g bis mehrere 100 g/l, bis in den Bereich der vollständigen Lösung	Bevorzugt mechanisch, denkbar wären Partikelstrahlen oder Eisstrahlen	Gefahr der erneuten Lösung und Wanderung in den Stein, bzw. die Poren. chemisch aggressiv **Bildung:** präzise untersucht, Salzbildung auf Naturstein aus diversen Umwelt-Quellen, überwiegend anorganische Deposition
Fe-Hydroxide, „Rost", Manganverbindungen, dunkelfärbend	Schwerstlöslich, aber bei hoher Temperatur wären weitere Oxidation und weitere Bildung denkbar	Nur stark mechanischer Abtrag denkbar, bleibt oft als Patina zurück Bevorzugt mechanisch, denkbar wären Partikelstrahlen oder Eisstrahlen	Kaum abtragbar, oft auch sehr hart und mehrere Millimeter tief **Bildung:** Oxidationsprozesse im Naturstein durch Umwelteinflüsse, Lösung von metallhaltigen Mineralen, Fe, Mn, Cr, etc. bleiben als Residuen zurück, in Stäuben enthalten
Biogene Anteile, z. B. Zucker: Levoglucosene, Glucosenone; Essigsäure, Proteine; vermutlich aus Mikroorganismen und Biofilmen	Sie quellen an oder sind hoch löslich.	Heißwasser-Lösung und dann sofortige Extraktion	**Bildung:** Algenwachstum, Biofilme (?), Wachstum vor Ort bei günstigen Bedingungen
Moose, Algen, Flechten sind erkennbar: Es treten obige biogene Anteile plus z. T. Lipoproteine auf.	Sie quellen an, vermutlich nur sehr geringe Teile durch Wasser extrahierbar.	Heißwasserdampfstrahlen: Aus der Praxis die beste Methode zum Abtrag der biogenen Schichten; (vermutlicher Effekt: Hydrolyse, mechanischer Abtrag, Quellung und Auflösung von Proteinen bis Biopolymeren...?)	**Bildung:** Wachstum vor Ort bei günstigen Bedingungen
Ruß, Stäube, Immissionspartikel; PAKs als Umweltspuren	Sehr gering	Bevorzugt mechanisch, denkbar wären Partikelstrahlen oder Eisstrahlen	Reiner Abtrag, es treten kaum Lösungseffekte auf. **Bildung:** Eintrag als Stäube, Immissionen
Reste von Polymeren: Buthylacrylate, Methylmetacrylate, Weichmacher	Sehr gering	Reinigungsmethode spielt für die Löslichkeit keine Rolle, mechanischer Abtrag gut denkbar.	**Bildung:** Eintrag als Teil der Stäube und ggf. Reste von Bauprodukten

3. Bauwerke spiegeln die Immissionssituation als kondensierte „Effekte" der Ablagerung der Umwelt stark wieder. Einige Verschmutzungen zeigen regelrechte „Stratigraphien" der Verschmutzungsphasen.
4. Ablaufwasser sollte, wenn möglich, so ablaufen, dass eine Wiederaufnahme verhindert wird.
5. Die Lösungsprozesse, auch durch Kaltwasserstrahler, sollte in Bezug auf Salze als sehr hoch bewertet werden.

Danksagung: Die Autoren bedanken sich bei der Deutschen Bundesstiftung Umwelt, Referat Kulturgüterschutz, Dr. P. Bellendorf (Leitung) für die Förderung im Bereich Erhalt von Kulturgut. (Diese Forschungen wurden im Rahmen einer größeren Zielsetzung gefördert. Förderkennzeichen Az. 31540/01, ab Ende 2014.) Für die Daten vom Dom Aachen, Hubertuskapelle Reinigung (2015) gilt der Dank für Freigabe und Unterstützung der Fa. Kärcher/Winnenden und der UNESCO Deutschland.

Literatur, Quellen

Auras, M., Snethlage, R. (2015): Die Auswirkungen verkehrsbedingter Immissionen an Denkmalen in Innenstädten und Entwicklung geeigneter Konzepte zu deren Minderung, DBU-Aktenzeichen 29728/01, Projektleitung: Institut für Steinkonservierung e. V., Projektzeitraum 12.06.2012–30.04.2015, IFS-Bericht Nr. 49, 163 Seiten.

Flemming, H.-C. (2016): Persönliche Mitteilung zur organischen Analytik an Biofilmen und GC-MS Verfahren bei Biofilmen. Fakultät für Chemie-Biofilm Centre, Universität Duisburg-Essen.

Ghedini, N., Sabbioni, C., Bonazza, A. and G. Gobbi (2006): Chemical-Thermal Quantitative Methodology for Carbon Speciation in Damage Layers on Building Surfaces: In: Environmental Science & Technology, 40(3), S. 939–944.

Grassegger, G., Schwarz, H.-J. (2009): Salze und Salzschäden an Bauwerken. In: Schwarz, H.-J., Steiger, M. (Hrsg.): Salzschäden an Kulturgütern. Stand des Wissens und Forschungsdefizite. Ergebnisse des DBU Workshops im Februar 2008 in Osnabrück. Hannover, S. 6–21.

Grassegger, G. (2014): Reinigung und Entsalzung von Bauwerksoberflächen -praxisgerechte Methoden. In: Patitz, G., Grassegger, G. & Wölbert, O. (Hrsg.): Natursteinbauwerke: Untersuchen – Bewerten – Instandsetzen. Arbeitsheft Nr. 29 des Landesamtes für Denkmalpflege, B.-W., IRB-Fraunhofer Verlag und Theiss Verlag/Stuttgart, S. 183–192.

Grassegger, G., Dettmann, U., Neufeld, K., Plehwe-Leisen, E. (2016): Chemisch-technische Untersuchung an Schmutzkrusten. In: Welterbe gemeinsam erhalten. Ein Modellprojekt zur denkmalgerechten Reinigung am Aachener Dom. UNESCO unterstützt, Callwey-Verlag/Ulm.

Steiger, M., Neumann, H.-H., Wittenburg, C., Behlen, A., Schmolke, S., Stoffregen, J., Dannecker, W. (1994): Sandsteinverwitterung in schadstoffbelasteter Atmosphäre am Beispiel des Erfurter Doms. In: Snethlage, R. (Hrsg.): Jahresberichte aus dem Forschungsprogramm Steinzerfall, Steinkonservierung des Verbundforschungsprojektes des Bundesministeriums für Forschung und Technologie. Band 4, 1992. Ernst, Wilhelm & Sohn, Verlag für Architektur und technische Wissenschaften GmbH, Berlin. S. 215–239.

Pache, T. (1997): Zum Verwitterungsverhalten des Württemberger Buntsandsteins – vom bruchfrischen Zustand zur Krustenbildung und deren Entfernung. Diplomarbeit an der Universität Bremen, Fachbereich Geowissenschaften, unveröffentlicht.

Warscheid, T. (2016): persönliche Mitteilung zur Chemie von extrahierbaren Anteilen in Algen und Biofilmen. LBW-Bioconsult, Wiefelstede.

Zier, H. W., Seifert, F. (2001): Umweltbedingte Veränderungen auf Materialoberflächen, Teil II: Umweltbedingte Zusammensetzung von Stäuben auf Bauwerksoberflächen in Thüringen. In: Trützschler, W. v. (Hrsg): Qualitätssicherung in der Steinkonservierung, Neue Folge Bd. 1, Thüringisches Landesamt für Denkmalpflege, Erfurt. S. 78–171.

Zur Konservierung einer polychrom gefassten Sandsteinskulptur von Johann Peter Wagner aus Gaukönigshofen bei Würzburg

von Christoph Sabatzki und Judith Schekulin

Der Fachbereich „Stein" im Bayerischen Landesamt für Denkmalpflege legt hier einen Werkstattbericht zu Untersuchungen, Konservierungs- und Restaurierungsarbeiten an einer bleiweißgefassten, barocken Märtyrerskulptur vor, die in Amtshilfe durch seine Restaurierungswerkstätten durchgeführt wurden. Die Untersuchungen zur Fassung und die Steinkonservierungsmaßnahmen sind in Zusammenarbeit mit dem Fachbereich „gefasste Skulptur", mit Fachlaboren und in den Restaurierungswerkstätten im Schloss Seehof ausgeführt worden. Ziel war es, die beinah aufgegebene Skulptur des Heiligen Sebastians wieder an ihren Standort an der Hausfassade in Gaukönigshofen zurückzuführen. Hierbei sind marktübliche Konservierungsstoffe auf den Prüfstand gebracht und historische Anstriche bemustert und erneuert worden.

Abb. 1   Hl. Sebastian im Seitenaltar von J. H. Wagner

Abb. 2   Gaukönigshofen, Hauptstr. 8 mit digital platziertem
Hl. Sebastian

1 Vorbemerkungen

Die beinahe aufgegebene Nischenfigur des Heiligen Sebastian von einer Hausfassade in Gaukönigshofen im Landkreis Würzburg wurde auf Initiative der damaligen Amtsrestauratorin im Bayerischen Landesamt für Denkmalpflege Frau Christiane Kern in die archäologischen Werkstätten nach Schloss Seehof in Memmelsdorf verbracht. Diese herausragende Bildhauerarbeit mit barocker Bleiweißfassung und Blattgoldauflagen kann aufgrund ihres kritischen Erhaltungszustandes, mithin eben wegen des verwendeten Sandsteinmaterials, des Weiteren wegen der Bleiweißfassung und seiner eher ungewöhnlichen Aufstellung an einem Bürgerhaus in Gaukönigshofen als eine restauratorische Herausforderung betrachtet werden. Da die Eigentümer nicht in der Lage waren, die Erhaltung der Skulptur zu finanzieren, wurde mit Unterstützung des Gebietsreferenten Herrn Dipl.-Ing. Haas und der beteiligten Unteren Denkmalschutzbehörde ein Zuschussantrag in Höhe von ca. 3.500,00 € gestellt und bewilligt. Finanziert wurden damit der Transport, die Rückführung mit der Aufstellung der Figur in der Fassadennische sowie Labor- und Materialkosten. Die umfangreiche Untersuchung, Konservierung und Restaurierung der Statue erfolgten in den Werkstätten

des Bayerischen Landesamtes für Denkmalpflege in der Zeit von Sommer 2015 bis Herbst 2016.

2 Zuordnung und Beschreibung der Skulptur

Die Weiß-Gold gefasste Skulptur des Heiligen Sebastian zeigt in ihrer Ausführung, der lebendigen Darstellung des Märtyrers und der detailreichen Bildhauerarbeit prägnante Vergleichsmerkmale zu den zahlreich bekannten Arbeiten der Würzburger Werkstatt von Johann Peter Wagner [1]. Die Entstehungszeit fällt somit in die zweite Hälfte des 18. Jahrhunderts. Sehr deutlich wird der Vergleich mit den von Wagner in Bleiweiß gefassten Heiligen Figuren aus der Pfarrkirche St. Sebastian in Unterspießheim im Landkreis Schweinfurt (Abb. 1). Die Komposition der an den Baumstamm gefesselten Figur und die Gesichtsmerkmale mit den Details in der Modellierung des schmerzerfüllten Antlitzes sind hier unverwechselbar.

Die Figurennische befindet sich an der Giebelfassade in etwa 7,50 m Höhe unmittelbar an der Hauptstraße 8 in Gaukönigshofen und war wohl zur Entstehungszeit entlang eines Prozessionsweges gelegen (Abb. 2). Die Statue scheint in der Betrachtung von unten aus der Fassade hervorzutreten. Die Darstellung des an einen Baumstamm gefesselten Märtyrers ist ein geläufiges Motiv fränkischer und bayrischer Bildhauerwerkstätten des 18. Jarhunderts. Die Aufstellung des Heiligen an einer Hausfassade eines Bürgerhauses ist eher selten und zeigt, dass die Heiligenverehrung über kirchliche Bereiche hinausging [2]. Die Verehrung des Hl. Sebastian hat eine lange Tradition, er ist der Schutzpatron vieler Berufsgruppen unter anderem der Steinmetze. Die Farbfassung wurde nur in den sichtbaren Bereichen ausgeführt, die Rückseite ist steinsichtig. Die Statue zeigt dort eine beinahe quadratische Ausnehmung, worin offenbar eine Wandverankerung der Nische montiert war. Die drei Metallpfeile sind zuletzt mit einem anthrazitfarbenen Rostschutzanstrich versehen worden, die Blattgoldauflagen des Lendentuches und der Fessel zeigen mehrere Überarbeitungen (Abb. 3). Auch das Inkarnat ist von einem im grünlichen Ocker abgesetzten Dispersionsanstrich überlagert. Die bildhauerische Komposition ist nach dem Kontrapost angelegt, das rechte Standbein ruht auf der Plinthe und das linke Bein stützt sich angewinkelt an einem der Baumäste. Dadurch wird die Körperstellung damit nach rechts verlagert [2]. Der Kopf neigt sich dem folgend nach rechts und unterstreicht dadurch das fühlbare Leid des durch drei Pfeile Hingerichteten. Das offene Haar und die Drapierung des Lendentuchs betonen den Gesamteindruck in dieser anmutigen Szene. Die monolithische Statue misst eine Höhe von ca. 1,15 m, eine Breite von 60 cm und Tiefe von 35 cm. Die Sandsteinoberfläche ist abgerieben und nur an der Rückseite sind noch Werkspuren ablesbar.

Abb. 3 Detail vom rechten Oberschenkel mit Fassungsschäden

und mehrfach dünne Schalen- und Schuppenbildung zu beobachten. Insbesondere an freigelegten Bruchkanten war dieses Schadensbild am Fuß der Skulptur auffällig (Abb. 6). Diese Verwitterungsform steht im Zusammenhang mit Umwandlungsprozessen im Sandsteingefüge und Wechselwirkungen bei Kontraktionsbewegungen durch fortlaufend auftretende Feuchtigkeitswechsel im Porenraum des Gesteins. Damit hängen auch die Verformungen bzw. Aufspaltung entlang des linken Beines zusammen, die ein weiteres Indiz für das kritische Dehnungsverhalten des verwendeten Sandsteinmaterials war. An der Plinthe der Skulptur waren unsachgemäße, frühere Reparaturstellen ablesbar. Hier wurden mit einem Polyesterharz Bruchstücke verklebt und der rechte Fuß am Spann mit einem sehr spröden Zementmörtel ergänzt. Die Metallpfeile waren offenkundig bereits durch Kleben neu montiert worden, es lassen sich Harzkleberreste am Brustkorb und Oberschenkel ausmachen (Abb. 3).

3 Das Bildhauermaterial und Schadensphänomene

Das verwendete Material ist eines von vielen unterfränkischen Keuper Sandsteinen, ein sogenannter grüner Mainsandstein, der nicht nur von Würzburger Bildhauern geschätzt wurde. Aufgrund seiner tonigen Bindung ist es ein leicht bearbeitbares Bildhauermaterial und findet bis heute Anwendung für bauplastische Arbeiten. Die Schäden an der Skulptur waren derart fortgeschritten, dass 2013 ein kurzfristiger Abbau aus der Nische erfolgte. Es drohte ein Absturz, da sich erhebliche Risse entlang der Gesteinsschichtung zeigten und die Plinthe keine Standsicherheit mehr garantierte (Abb. 4 und 5). Das Sandsteinmaterial ist aufgrund seiner mineralogischen Zusammensetzung und Porenradienverteilung wenig verwitterungsresistent. Neben den Rissen entlang der Gesteinsschichtung waren weitere oberflächennahe Risse

4 Das Fassungsmaterial und dessen Schäden

Die nachweisbaren öligen Weißfassungen sind neben dem Sandstein die informationstragenden Gestaltungsmerkmale dieser barocken Skulptur [3]. Die farblich abgesetzten Weißfassungen weisen eine hohe Qualität auf, zumindest dort wo diese augenscheinlich als barocke Bleiweißfassung zu Tage tritt. Ob hierdurch ursprünglich eine Marmorimitation mit der ölig gebundenen Bleiweißfassung erzielt werden sollte, lässt sich nicht wirklich nachweisen [4]. Schließlich ist die sichtbare Letztfassung von geringer Qualität wie bei den Pfeilen, dem Baumstamm und in Teilen des Inkarnats. Der Baumstamm, der Helm, die Plinthe und in Teilen auch das Inkarnat sind bei der letzten Maßnahme mit einer Polymerdispersionen überfasst worden. Das ursprüngliche Erscheinungsbild der polychrom gefassten Skulptur wurde dadurch erheblich

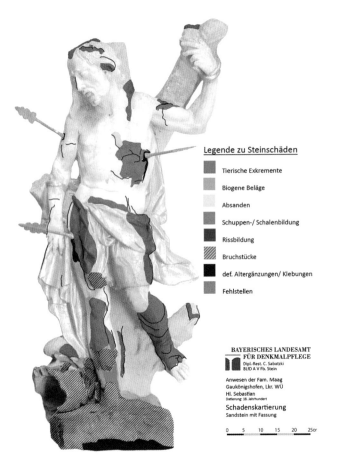

Legende zu Steinschäden

- Tierische Exkremente
- Biogene Beläge
- Absanden
- Schuppen-/ Schalenbildung
- Rissbildung
- Bruchstücke
- def. Altergänzungen/ Klebungen
- Fehlstellen

BAYERISCHES LANDESAMT
FÜR DENKMALPFLEGE
Dipl.-Rest. C. Sabatzki
BLfD A V Fb. Stein

Anwesen der Fam. Maag
Gaukönigshofen, Lkr. WÜ
Hl. Sebastian
Datierung: 18. Jahrhundert
Schadenskartierung
Sandstein mit Fassung

0   5   10   15   20   25cr

Abb. 4 Schadenskartierung Stein, Ansicht

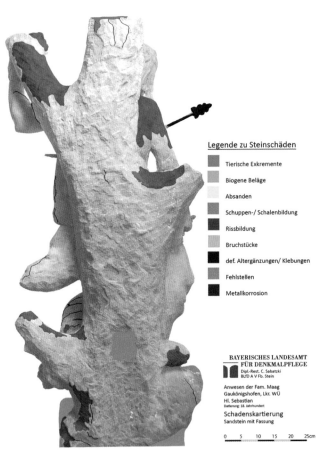

Legende zu Steinschäden

- Tierische Exkremente
- Biogene Beläge
- Absanden
- Schuppen-/ Schalenbildung
- Rissbildung
- Bruchstücke
- def. Altergänzungen/ Klebungen
- Fehlstellen
- Metallkorrosion

BAYERISCHES LANDESAMT
FÜR DENKMALPFLEGE
Dipl.-Rest. C. Sabatzki
BLfD A V Fb. Stein

Anwesen der Fam. Maag
Gaukönigshofen, Lkr. WÜ
Hl. Sebastian
Datierung: 18. Jahrhundert
Schadenskartierung
Sandstein mit Fassung

0   5   10   15   20   25cm

Abb. 5 Schadenskartierungen Stein, Rückansicht

Abb. 6 Teilansicht, Arbeitsfoto zur Vorfestigung mit KSE 10 %

Abb. 7 Teilansicht mit struktureller Festigung und Rissversorgung mit KSE-Modulsystem

 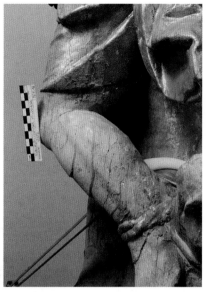 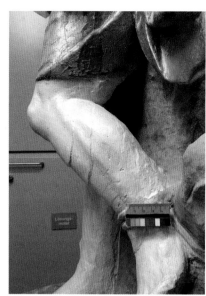

Abb. 8 Drei Seitenansichten vom linken Bein mit schrittweisem Maßnahmenablauf

überformt (siehe Kapitel 4.1, nachfolgende Querschnittsprotokolle). In den freigelegten Teilbereichen werden die ölgebundenen ersten Weißfassungen als Krakelee bzw. als Bleiweißgittersprung sichtbar. Die übereinander liegenden Fassungsschichten, respektive Pakete, sind teilweise sehr spröde und lösen sich vereinzelt vom Fassungsträger in kleinen Schollen ab. Bei den mikroskopischen Untersuchungen anhand von Querschliffen, der REM-EDS Spektroskopie und den punktuell vorgenommenen Freilegungen mit dem Skalpell ergaben sich folgende Farbbefunde. Die Nischenfigur ist zunächst in der Entstehungszeit mit Grundierungen basierend auf pigmentierten Weißfassungen mit Füllstoffen in Öltechnik angelegt worden. Darüber liegt mindestens eine weitere farblich abgesetzte Weißfassung. In Teilen folgen bis zu fünf weitere Fassungen mit jeweiliger Grundierung im Bereich des Inkarnats und des Lendentuches. Die Attribute aus Metall wurden ähnlich wie der Helm und das Lendentuch ursprünglich mit Blattgoldauflagen versehen. Die Fassungsprobe vom Helm ließ sogar eine Grundierung mit Rotem Ocker bzw. Rotem Bolus erkennen. Zwischen den Schichtfolgen konnten gelegentlich auch Alterungshorizonte ausgemacht werden. Die Schichtenfolge der Fassungen konnte zunächst mit Hilfe der Auflichtmikroskopie nachvollzogen werden. Die Zusammensetzung von zwei Probepartikeln des Inkarnats wurde im Labor DREVELLO/WEISS-MANN aus Bamberg spektroskopisch analysiert [6]. Die dabei erkennbaren ölig gebundenen Fassungen lassen den Schluss zu, dass die Anstrichfarben eigens hergestellt wurden und zeitgemäße Pigmente und Füllstoffe verwendet wurden. Hierbei ergab sich, dass das Inkarnat des rechten Beines bis zu fünfmal überfasst wurde und die ersten vier Fassungen in Öl-

technik, die letzte Sichtfassung aus einer Polymerdispersion (Polyvinylacetat-Polystyrol-Copolymer) besteht.

Das Antlitz des Märtyrers wurde zudem mit farbig abgesetzten Höhungen als sogenannte Illuminierungen hervorgehoben [5], wie die rosafarbenen Lippen, die schwarzen Begleitstriche in den Haaren und die schwarz angelegten Pupillen (Abb. 9). Dies konnte durch punktuell vorgenommene Freilegungen mit Hilfe des Skalpells erkannt werden. Auch der Helm des Sebastian ließ erkennen, dass ursprünglich eine detailreiche Farbigkeit bestand. Das Federwerk über dem Helm wurde mit abgesetzten Weiß gefasst und mit Rot hervorgehoben. Der vorgefundene Zustand war dahin gehend sehr ernüchternd, schließlich konnten Blaufarbspritzer an der Rückseite der Skulptur festgestellt werden. Hierbei handelt es sich wohl um den Farbfassung der gewölbten Nischenfläche an dem Haus in Gaukönigshofen.

Abb. 9 Befundstellen im Antlitz mit farblich hervorgehobenen Rosalippen und schwarzen Pupillen

4.1 Querschliffprotokolle zu Fassungsuntersuchungen

Tab. 1 Übersicht zur Fassungsquerschliff Nr.1

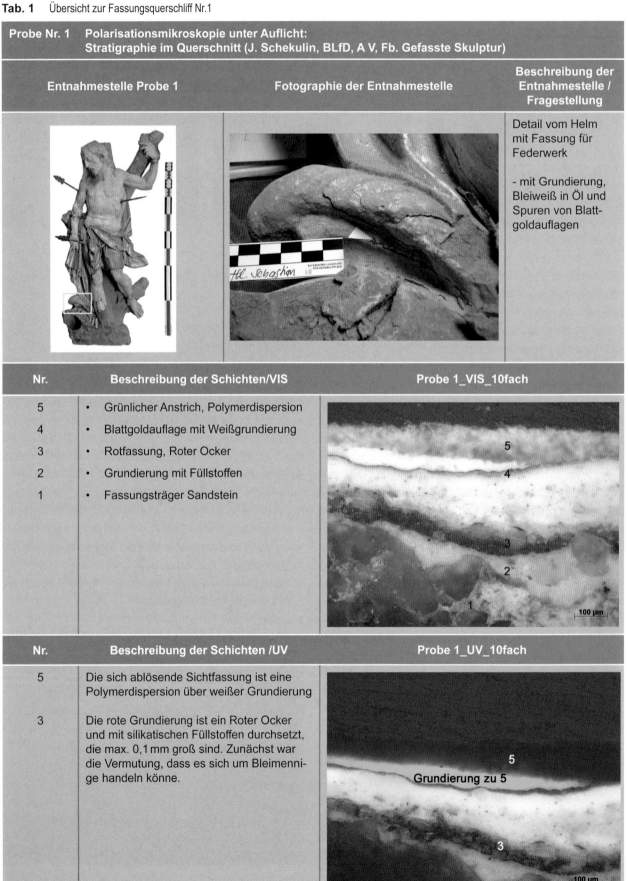

Probe Nr. 1	Polarisationsmikroskopie unter Auflicht: Stratigraphie im Querschnitt (J. Schekulin, BLfD, A V, Fb. Gefasste Skulptur)		
Entnahmestelle Probe 1	**Fotographie der Entnahmestelle**		**Beschreibung der Entnahmestelle / Fragestellung**
			Detail vom Helm mit Fassung für Federwerk - mit Grundierung, Bleiweiß in Öl und Spuren von Blattgoldauflagen

Nr.	**Beschreibung der Schichten/VIS**	**Probe 1_VIS_10fach**
5	• Grünlicher Anstrich, Polymerdispersion	
4	• Blattgoldauflage mit Weißgrundierung	
3	• Rotfassung, Roter Ocker	
2	• Grundierung mit Füllstoffen	
1	• Fassungsträger Sandstein	

Nr.	**Beschreibung der Schichten /UV**	**Probe 1_UV_10fach**
5	Die sich ablösende Sichtfassung ist eine Polymerdispersion über weißer Grundierung	
3	Die rote Grundierung ist ein Roter Ocker und mit silikatischen Füllstoffen durchsetzt, die max. 0,1 mm groß sind. Zunächst war die Vermutung, dass es sich um Bleimennige handeln könne.	

Tab. 2   Übersicht zu Fassungsquerschliff Nr. F8

Probe Nr. 1	Polarisationsmikroskopie unter Auflicht: Stratigraphie im Querschnitt (Labor Drewello u. Weismann, Bamberg)		
Entnahmestelle Probe 1		**Fotographie der Entnahmestelle**	**Beschreibung der Entnahmestelle / Fragestellung**
			Rechtes Knie oberhalb der Wade - Primäre Farbigkeit des Inkarnats - mit Grundierung, Bleiweiß in Öl und Schichtenaufbau

Nr.	**Beschreibung der Schichten/VIS**	**Probe F8/VIS/200fach**
7	• Weißanstrich auf Basis einer Polymerdispersion und Titanweiß	
6	• Gelbgrünfassung mit Voranstrich	
5	• Weißfassung mit Zink in Öl	
4	• Bleiweißfassung in Öl mit Ultramarin und Alterungsschichten	
3	• Bleiweißfassung mit Alterungsschichten, z. B. Bleisulfit	
2	• Bleiweißfassung mit Spuren von Zinkweiß und Ultramarin	
1	• Grünbraune Trägerschicht, Sandstein mit Sperrschicht, demnach mit Öl vorbehandelt	

Nr.	**Beschreibung der Schichten /UV**	**Probe F8/LM/UV/200fach**
7	Die sich ablösende Sichtfassung enthält Titanweiß (REM-EDS-Analyse) und besteht aus einem Polyvinylacetat-Polystyrol-Copolymer.	
2	Die unterste Schicht ist stark bleihaltig, es lassen sich insgesamt drei weitere Bleiweißanstriche (max. 0,1 mm) darüber ausmachen.	

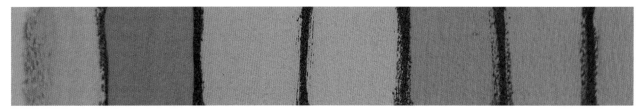

Abb. 10 Farbmuster mit unterschiedlich abgesetzten Grundierungen für die Öllasuren

5 Konservierungskonzept

Das Konservierungskonzept wurde gemeinsam mit der Amtsrestauratorin Frau Judith Schekulin, Fachbereich gefasste Skulptur entwickelt. Zunächst wurde eine Schadenskartierung auf Grundlage einer standardisierten Kartierungssoftware mit Photoshop erstellt (Abb. 4, 5 und 11). Hierzu wurden die Stein- und Fassungsschäden getrennt voneinander lokalisiert und jeweils in die Pläne übertragen. In einer ersten Kampagne wurde dann das Sandsteinmaterial konservatorisch gesichert und – in Vorbereitung dessen – die gefährdete Fassung partiell gesichert und hiernach die Fassungskonservierung durchgeführt. Insbesondere zur Rissflankenverfüllung mussten die Farbbefunde vorab stabilisiert werden. Des Weiteren konnte die Fassung der Skulptur in den Werkstätten und dem Zentrallabor untersucht werden. Die anschließend durchgeführten Maßnahmen zur Steinkonservierung sahen folgende Einzelschritte vor [6]:

- Sicherung abgängiger Gesteinsteile durch Tränken mit Kieselsäureester, 10 % und teils 30 % (Abb. 6)
- Sicherung von instabilen Farbbefunden durch Tränken mit Acrylharzlösungen
- Punktuelle Klebung mit Epoxidharz in den Spalten und Bruchstücke mit Stein-Silikat-Kleber
- Verfüllen von feinen Rissen und Spalten mit dem KSE-Modulsystem
- Hier: temporäre Rissabdichtung mit unterschiedlichen Hilfsstoffen und Prüfung ihrer Tauglichkeit auf gefassten Untergründen (Abb. 7)
- Randanböschungen und Rissverschluss mit KSE-gebundenen Mörtelsystem
- Ergänzen von Fehlstellen mit Kieselsolmörtel
- Ertüchtigung der belassenen Altergänzungen und Metallattribute
- Nachfestigung von Sandsteinpartien mit KSE 10 %
- Anfüllen von Kleinstfehlstellen mit einem schlämmfähigen Kieselsolmörtel
- Abnahme des störendes Dispersionsanstriches mit Hilfe von Lösemittelkompressen und Abrollen mit Wattestäben

In der zweiten Kampagne wurde die Fassung nach Befundlage konserviert, respektive teilweise erneuert.

Abb. 11 Kartierung der Fassungsschäden

Hierzu musste die verunklärende und störende Polymerdispersion abgenommen werden, um einen tragfähigen Untergrund für die ölig gebundene Fassung herzustellen. Die Abnahme erfolgte mit Lösemittelkompressen und Abrollen mit Wattestäbchen. Die Metallpfeile wurden mit Bürsten von Korrosionsschichten befreit, um hier eine Grundlage für eine Ölvergoldung zu schaffen. Die offenporigen und freiliegenden Sandsteinoberflächen und die ergänzten Teilbereiche wurden zunächst mit einer sogenannten Kalkkaseinpaste oder wahlweise mit einer Kieselsolschlämme mit Füllstoffen und Pigmenten grundiert. Zudem sind kleinere Fehlstellen in der Fassung, insbesondere am Baumstamm und dem Lendentuch, mit einem pastosem Restauriermörtel auf Basis von Leinölfirnis mit

Tab. 3   Materialien für die jeweiligen Teilbereiche

	Inkarnat	Baumstamm	Lendentuch, Helm und Plinthe
Grundierung Kalkkasein-paste	Sumpfkalk 100 g Borax-Kasein 5 g Burgunder Ocker 2 g Bleiweiß 2 g		
Grundierung Kieselsolkalk-schlämme		Sumpfkalk 50 g Kieselsol SYTON X30 5 g Füllstoff A 5 g Burgunder Ocker 0,5 g Acryldispersion 5 %	Kieselsol 25 g Marmormehl 25 g Pyrogen. Kieselsäure 2 g Kremser Weiß 5 g Burgunder Ocker 5 g
1. Anstrich Öllasur	Leinölfirnis 1 Rt Kremser Weiß 2 Rt Burgunder Ocker 0,2 Rt Bay. Grüne Erde 0,2 Rt SHELLSOL T 7,5 Rt Leinöl kaltgepresst 0,5 Rt inkl. Sikkativ 2 %	Leinölfirnis 1 Rt Bay. Grüne Erde 0,5 Rt Burgunder Ocker 0,5 Rt SHELLSOL T 0,5 Rt Leinöl, kaltgepresst 0,5 Rt inkl. Sikkativ 2 %	Helm u. Plinthe: Leinölfirnis 1 Rt Burgunder Ocker 0,5 Rt Kremser Weiß 0,5 Rt Leinöl kaltgepr. 0,5 Rt inkl. Sikkativ 2 %
2. Anstrich Öllasur	Kremser Weiß in Walnussöl 1 Rt mit Leinölfirnis streichfähig angesetzt u. Shellsol T verd. Burgunder Ocker 0,2 Rt Bay Grüne Erde 0,1 Rt	Leinölfirnis 4 Rt mit einem Rt Leinöl, kaltgepresst inkl. 2 % Sikkativ Burgunder Ocker 1 Rt Bay. Grüne Erde 1,5 Rt Kremser Weiß 1 Rt	Helm: Leinölfirnis 2 Rt Burgunder Ocker 0,5 Rt Roter Bolus 1,5 Rt
3. Anstrich Schlusslasur	Leinölfirnis 2 Rt Kremser Weiß 1 Rt Burgunder Ocker 0,1 Rt Bay. Grüne Erde 0,1 Rt Roter Bolus 0,1 Rt	Pfeile: • Leinölfirnis mit Rotem Bolus vorgelegt, • Blattgold Rosenoble Doppelgold	Helm: Dukaten Doppelgold Blattgold Mixtion le Franc 3 Stunden
Mattierung		• mit Edelkorund 200 im Filztuch abgerieben, • Leinölfirnis mit Leinöl, Sikkativ (4:1) Bay. Grüne Erde 4 Rt Andalusischer Ocker 1 Rt COSMOLOID H80 10 %	Plinthe: Leinölfirnis 4 Rt mit einem Rt Leinöl, kaltgepresst inkl. 2 % Sikkativ Bay. Grüne Erde 4 Rt Andalusischer Ocker 1 Rt COSMOLOID H80 10 %

Bei der Raumteilbezeichnung [Rt] handelt es sich in etwa um 2,5 g der jeweiligen flüssigen bzw. trocknen Komponente.

Zuschlag von feinkörnigen Füllstoffen und Pigmenten geschlossen worden. Hierauf folgte der Anstrich von bis zu drei Schichten jeweils mit der nach Befundlage festgestellten und näherungsweise farblich angesetzten Bleiweißfassung auf Basis von Leinölfirnis.

Ziel war es, den größtenteils überlieferten Farbeindruck der Erstfassung wiederherzustellen und etwaige Korrekturen zugunsten dieser Fassung vorzunehmen. Dazu wurden pigmentierte Öllasuren auf die Oberflächen eingelassen und nach der Trocknung die Öllasur abschließend mit einem feinen Wachsüberzug als Oberflächenfinish mattiert. Um die Haltbarkeit und den gewünschten Farbeindruck vorab einschätzen zu können, wurden Versuche an einer offenporigen Sandsteinplatte und Probewür-

feln durchgeführt (Abb. 12 und 13). Ferner wurden Arbeitsmuster mit unterschiedlichen Ölen, Füllstoffen und Pigmenten angelegt. Die Herstellung der Öllasuren wurde an einem Glastisch vorgenommen und die Pigmente mit einem Läufer in den jeweiligen Lasuransatz eingerieben. Die Mattierung zu stark glänzender Oberfläche wurde zunächst durch Abreiben mit Vliestüchern, die mit feinem Edelkorund belegt waren, vollzogen. Auch ein Radierstift kam zum Einsatz. In Teilbereichen wie der Plinthe und dem Baumstamm wurde ein Überzug mit einem mikrokristallinen Wachs und Ölwachsgemisch die Mattierung erzielt.

In Tabelle 3 wurden die ausgewählten Rezepte zusammengestellt, um einen Überblick zur Fassungsrestaurierung zu geben.

Abb. 12 Detailausschnitt mit sog. Kittungen der öligen Vergoldung

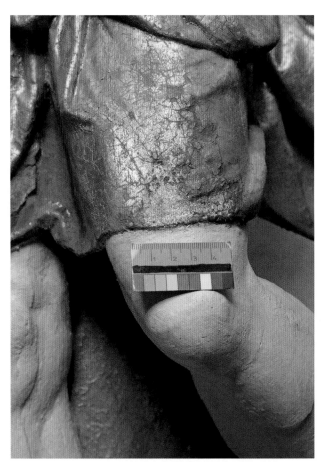

Abb. 13 Nachzustand des Bildausschnittes Inkarnat mit Lendentuch

6   Zusammenfassung und Resümee

Die Skulptur des Heiligen Sebastian wurde vom Fachbereich Stein in den Amtswerkstätten des Bayerischen Landesamtes für Denkmalpflege konservatorisch behandelt. Neben der Steinkonservierung waren die Untersuchung und Konservierung der Fassung Schwerpunktthemen dieser Werkstattarbeit. Dazu wurden marktübliche Produkte zur Sandsteinkonsolidierung auf den Prüfstand gebracht und Methoden zur Verfüllung von Rissen in unterschiedlichen Varianten getestet. Letztlich konnte das derart geschädigte Sandsteinmaterial entlang offener Spalten nur durch Klebepunkte gesichert werden, eine Vernadelung mittels Bohrungen kam aufgrund des vorgefundenen Zustandes nicht in Frage. Für die Maßnahmen der Festigung, Rissverfüllung, Randanböschungen und Ergänzung kleinerer Fehlstellen wurden Kieselgel- bzw. kieselsolgebundene Mörtelsysteme verwendet, die sich quasi ausnahmslos für die jeweilige Einzelmaßnahme mit bestem Ergebnis anwenden ließen. Die gebrochene Plinthe wurde mit einem hochdispersen Epoxidharz kraftschlüssig geklebt, kleinere

Ausbrüche mit dem silikatischen Kleber replatziert. Die gesamte Plinthe ist an der Standfläche auf eine Hartfaserplatte mit dem Epoxidharz geklebt worden und ist damit von der Standfläche in der Hausnische entkoppelt [7].

Bei der Fassungsrestaurierung sind unterschiedliche Materialansätze von organischen und anorganischen Farbanstrichen diskutiert worden. Wir haben uns schließlich für die ölgebundene und tatsächlich nachgewiesene Bleiweißfassung entschieden. Hier waren drei Gründe ausschlaggebend;

1. Die ölige Bleiweißfassung von Inkarnat und Baumstamm waren soweit gut erhalten, dass eine Neufassung in Öltechnik mit leicht pigmentierten Öllasuren nachhaltig erschien.

2. Die mittlerweile häufig zur Anwendung kommenden Kunstharzdispersionen bei Fassungsrestaurierungen auf Stein zeigen demgegenüber zwar nicht vergleichbare Alterungserscheinungen und sind aber ebenfalls nicht wartungsfrei.

3. Da die Aufstellung der Skulptur in der Fassadennische einen gewissen Schutz vor direkten Witte-

Abb. 14 Nachzustand mit Bleiweiß-Öllasur auf dem Inkarnat kurz nach dem Auftrag

Abb. 15 Endzustand nach Fertigstellung der Fassungsrestaurierung, nach Durchtrocknung der Öllasur war der Glanzgrad erheblich geringer.

rungseinflüssen bietet, ist die Verwendung dieses historischen Farbmittels möglich. Allerdings ist auch eine Fassungsinstandsetzung turnusmäßig notwendig.

Die Konservierungsmaßnahmen an der polychromen Fassung und dem verwendeten Sandstein konnten in Zusammenarbeit mit den Fachbereichen der Referate B V, namentlich Helmut Voß, sowie A V, Judith Schekulin und den beteiligten Fachlaboren praxisnah umgesetzt werden. Dabei konnten Materialien und Methoden zur Stein- und Fassungskonservierung erprobt werden, die bei vergleichbaren Fallbeispielen aus der alltäglichen Restaurierungspraxis immer wieder gefragt sind und erfolgreich umgesetzt werden. Im Zuge der Fassungsrestaurierung ist den Beteiligten allerdings auch sehr deutlich geworden, dass die

erzielte Polychromie der Skulptur nicht nur anhand von analysierten Farbbefunden erfolgte, vielmehr ist die Endredaktion der Befunde immer auch eine Sache der Interpretation. Daher wurde auf eine erhöhte Glanzbildung des öligen Anstriches verzichtet. Die Farbigkeit des Baumstammes ist nur näherungsweise wiederhergestellt worden, weil die im Anschliff erkennbaren Farbschichten mehrere Interpretationen zuließen (Abb. 14 und 15). Die Rückführung der Statue an die Hausfassade wird im Frühling 2017 stattfinden und es ist geplant, neben der unumgänglichen Taubenabwehr regelmäßig den Erhaltungszustand der Skulptur über hochauflösende Digitalfotos zu beobachten. Nicht zuletzt wird damit eine notwendige Wartung des öligen Farbanstrichs auf der Sandsteinskulptur berücksichtigt [8].

Literatur/Anmerkungen

[1] Hans Peter Trenschel, Die kirchlichen Werke des Würzburger Hofbildhauers Johann Peter Wagner, 1968 im Kommissionsverlag in Würzburg erschienen.

Anmerk.: Die in dem Band besprochenen Werke Johann Peter Wagners zeigen eindeutige Vergleichsmerkmale zu der hierin behandelten Skulptur auf, darin sind die meisten Werkstattarbeiten in der 2. Hälfte des 18. Jahrhundert entstanden.

[2] Markus Josef Maier, Das Eibelstadter Sebastianmonument – Ein Werk des Würzburger Hofbildhauers Johann Peter Wagner, Heimatverein Eibelstadt e. V. 2011.

Anmerk.:

a. Der Standort des Eibelstadter Märtyrers ist meines Erachtens bewusst durch die Bürger der Stadt gewählt worden, ähnlich verhält es sich mit dem Gaukönigshofener Märtyrer an der Fassade eines Bürgerhauses.

b. Der Autor zeigt auf, dass sich die wiederholenden Darstellungen des Heiligen Sebastians serielle Züge durch die Würzburger Werkstatt um 1800 annahmen. Es finden sich viele Bildbeispiele aus Unterfranken, wo die gleiche bildhauerische Komposition wiederverwendet wurde.

[3] Fritz Buchenrieder, Gefasste Bildwerke, Arbeitsheft 40 des BLfD, München 1990.

Anmerk.: Die in den Untersuchungen erfassten Fassungsfolgen legten die Vermutung nahe, dass es sich um eine Marmorierung bzw. polierfähige Bleiweißfassung des 18. Jahrhunderts handeln könnte.

[4] Untersuchungsbericht vom Labor Drewello und Weißmann, Bamberg März 2016, unveröffentlicht.

[5] Ulrich Schiessl, Rokokofassung und Materialillusion, Untersuchungen zur Polychromie sakraler Bildwerke im süddeutschen Rokoko, 1979 im Mäander Kunstverlag erschienen.

Anmerk.: Die vom Autor beschriebenen Techniken zur Polychromie gefasster Skulpturen unterstreichen, dass die Faßarbeiten sicherlich von eigenständig arbeitenden Malern durchgeführt worden sind.

[6] Rolf Snethlage, Arbeitshefte des Bayerischen Landesamtes für Denkmalpflege, Band 80, Hrsg. Prof. Dr. Michael Petzet, Verlag Ernst & Sohn Berlin, 1993.

Anmerk.: Neben den hierin untersuchten und erprobten Konservierungsstoffen auf Basis von Kieselsäureester sind auch Mörtelformulierungen auf Basis von wässriger Kieselsäuredispersion verwendet worden, z. B. zur Ergänzung der Fehlstelle an der Plinthe.

[7] *Anmerk.:* Die Skulptur wird durch einen Halteanker zur Kippsicherung an der Rückseite befestigt und auf Walzbleiplättchen gelagert.

[8] *Anmerk.:* Hierzu kann beispielsweise von dem gegenüberliegenden Haus hochauflösende Aufnahmen als Monitoring ohne größeren Aufwand durchgeführt werden.

Abbildungen

Abb. 1: Johann Peter Wagner in Unterspießheim, St. Sebastian im rechten Seitenaltar (1792), BLfD, C. Sabatzki. August 2016

Abb. 2: BLfD, H. Voß. September 2016

Abb. 3: BLfD, C. Sabatzki, August 2016

Abb. 4: BLfD, H. Voß u. C. Sabatzki, Januar 2016

Abb. 5: BLfD, H. Voß u. C. Sabatzki, März 2016

Abb. 6: BLfD, C. Sabatzki, Februar 2016

Abb. 7: BLfD, C. Sabatzki, Februar 2016

Abb. 8: BLfD, C. Sabatzki, Februar bis September 2016

Abb. 9: BLfD, J. Schekulin Juni 2016

Abb. 10: BLfD, C. Sabatzki, Juli 2016

Abb. 11: BLfD, H. Voß u. C. Sabatzki. Juni 2016

Abb. 12: BLfD, C. Sabatzki, Oktober 2016

Abb. 13: BLfD, C. Sabatzki, November 2016

Abb. 14: BLfD, C. Sabatzki, November 2016

Abb. 15: BLfD, C. Sabatzki, Januar 2017

Tab. 1, 2: Querschnittsprotokolle mit Abbildungen vom BLfD, Fb. Stein, Juli 2015 und Februar 2016

Gewölbesicherung mit vorgespannten Seilen – praktische Erfahrungen mit einer alternativen Sicherungsmethode

von Berthold Alsheimer

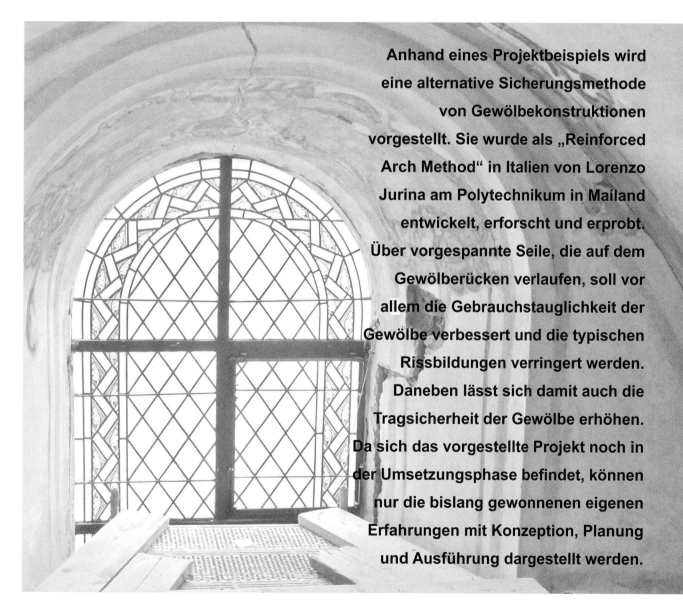

Anhand eines Projektbeispiels wird eine alternative Sicherungsmethode von Gewölbekonstruktionen vorgestellt. Sie wurde als „Reinforced Arch Method" in Italien von Lorenzo Jurina am Polytechnikum in Mailand entwickelt, erforscht und erprobt. Über vorgespannte Seile, die auf dem Gewölberücken verlaufen, soll vor allem die Gebrauchstauglichkeit der Gewölbe verbessert und die typischen Rissbildungen verringert werden. Daneben lässt sich damit auch die Tragsicherheit der Gewölbe erhöhen. Da sich das vorgestellte Projekt noch in der Umsetzungsphase befindet, können nur die bislang gewonnenen eigenen Erfahrungen mit Konzeption, Planung und Ausführung dargestellt werden.

1 Einführung

1.1 Baugeschichtliches zur Pfarrkirche Maria Himmelfahrt in Blankenrath

Die katholische Pfarrkirche „Maria Himmelfahrt" in Blankenrath (Abb. 1) wurde 1761/62 wiederaufgebaut, nachdem sie Mitte des 17. Jahrhunderts durch einen Brand zerstört worden war. Dabei waren die Bewohner des Hauptortes für die Sanierung des alten, romanischen Kirchturms (erbaut um 1400) und für die Beschaffung neuer Glocken zuständig, während die Filialorte des Kirchenspiels die Errichtung des neuen Kirchenschiffs schultern mussten [1].

In der Folgezeit durchlief der verputzte Bruchsteinbau des Kirchenschiffs mehrere Innen- und Außenrenovierungen. Ende des 19. Jahrhunderts wurde z. B. das Kirchenschiff um ein Joch auf seine heutige Größe verlängert.

Eine umfangreiche Sanierung der Kirche erfolgte 1974/75. Dabei wurden u. a. das Deckengewölbe und die Pfeilerfundamente verstärkt ([2] und [3]). Der Kämpferschub der Kreuzgewölbe sollte hierbei in mehreren Achsen durch Zugstäbe, die im Dachraum an zwei Stahlträgern (HE 320-B) angeschlossen sind, zurückverankert werden. Die beiden nebeneinanderliegenden Stahlträger und die Zugstäbe sind in Abbildung 2 im Hintergrund zu erkennen. Die Ausführung des Anschlussdetails der Zugstäbe an den Stahlträgern zeigt Abbildung 3.

In Abbildung 2 ist ebenfalls eine ältere Rückverankerungsmaßnahme zu erkennen. Dabei sollte der Horizontalschub über Stahllaschen, die in Holzstäbe eingeschlitzt sind, an Holzbauteilen der Dachkonstruktion verankert werden. Dies erfolgte je nach Situation an den Zerrbalken (Abb. 2) oder an anderen Holzbauteilen wie dem Mittelrähm (Abb. 4). Vermutlich

wurden diese Rückverankerungen bei der Verlängerung des Kirchenschiffes Ende des 19. Jahrhunderts eingebaut. Zumindest legen die deutlich sichtbaren Splinte an der Außenseite der Strebepfeiler (Abb. 5) und die Art der Ausführung dies nahe.

Die statische Wirksamkeit beider Maßnahmen ist aber wegen der Biegeverformungen der Stahlträger bzw. der hölzernen Zerrbalken im Vergleich zur Steifigkeit des Deckengewölbes und der gemauerten Strebepfeiler zumindest kritisch zu hinterfragen. Gleichwohl stellen sie durchaus übliche Ausführungsvarianten im Sinne der von Pieper in [4] beschriebenen und diskutierten Sicherungsmöglichkeiten von Gewölbekonstruktionen dar.

Seit 2016 läuft eine umfangreiche Generalinstandsetzung der katholischen Pfarrkirche, in deren Zuge auch die nachfolgend erläuterte Sanierung der Gewölbekonstruktionen mit vorgespannten Seilen umgesetzt wird. Da sich die Maßnahme derzeit noch in der Ausführungsphase befindet, können in diesem Tagungsbeitrag leider noch nicht alle praktischen Erfahrungen ausführlich dargelegt und noch keine Aussage zur langfristigen Bewährung getroffen werden.

1.2 Zustand der Gewölbekonstruktionen vor der aktuellen Sanierung

Die deutlichen Verformungen der Kreuzgewölbe mit den dazugehörigen starken Rissbildungen (Abb. 6 bis 9) waren der Anlass dafür, dass das mit der Tragwerksplanung beauftragte Ingenieurbüro SK Ingenieurgemeinschaft in Bailingen sich mit der Bitte an uns wandte, die Ursachen dieser Schädigungen zu er-

Abb. 1
Südansicht der katholischen Pfarrkirche Maria Himmelfahrt, Blankenrath

Abb. 2 Frühere Sicherungsmaßnahmen durch Rückverankerung der Strebepfeiler in den Dachraum

Abb. 3 Detail des Zugstabanschlusses an die beiden Stahlträger (Maßnahme 1975)

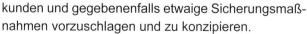

Abb. 4 Historischer Zugstabanschluss am Mittelrähm der Dachkonstruktion

Abb. 5 Strebepfeiler an der Nordseite mit deutlich sichtbaren Splinten der Zugverankerungen

Abb. 6 Gewölbefeld mit deutlichen Verformungen und Rissbildungen

kunden und gegebenenfalls etwaige Sicherungsmaßnahmen vorzuschlagen und zu konzipieren.

Die Gewölbe weisen im Wesentlichen eine Dicke von ca. 24 cm auf und bestehen aus einem offenporigen vulkanischen Gestein (Abb. 10), das für die Ausführung grob zurecht behauen wurde. Für Auszwickelungen von Rissen wurden bei früheren Sanierungen plattige Schieferbruchsteine verwendet (Abb. 11).

2 Tragverhalten von Gewölbekonstruktionen

Barthel hat sich in seiner Dissertation [5] ausgiebig mit dem Tragverhalten und der Berechnung gemauerter Gewölbekonstruktionen auseinandergesetzt. Für die verschiedenen Gewölbetypen wie kreiszylindrische, gebuste, kuppelartige Kreuzgewölbe usw. lassen sich typische Rissbilder an der Gewölbeunterseite (Intrados) und Gewölbeoberseite (Extrados) finden. Diese Rissbilder entstehen bereits bei geringfügigen Wider-

Abb. 7 Detail einer geschädigten Gratrippe mit klaffendem Riss

Abb. 10 Mauerwerksstruktur des Gewölbes

Abb. 8 Stark verformter Gurtbogen, der jetzt eine fast korbbogen-
ähnliche Geometrie aufweist

Abb. 11 Auszwicklung eines Risses (frühere Sanierungsmaßnahme)
mit plattigem Schieferbruchstein

Abb. 9 Scheitelöffnung mit Rissbildung; „Gelenkbildung" am Extrados; Gewölbedicke ca. 24 cm

lagerverschiebungen in der Größenordnung von
einem Millimeter oder weniger. Sie stellen zunächst
keine Beeinträchtigung der Tragfähigkeit dar, sondern
können „als eigentlicher Gebrauchszustand der Gewölbe bezeichnet werden" ([5], S. 276).

Die Risse entstehen aus statischer Sicht dadurch, dass die Stützlinie die erste Kernweite des
Gewölbes verlässt, ihre Ausmitte also größer als ein
Sechstel der Querschnittsdicke wird. Bisweilen wird
in der Literatur die Entstehung dieser Rissbildungen
auf herstellungsbedingte Imperfektionen zurückge-
führt [6]. Allerdings ist selbst dann, wenn sich rech-
nerisch eine Stützlinie innerhalb der ersten Kernweite
finden lässt, nicht garantiert, dass tatsächlich keine
Zugspannungen und aufklaffende Fugen im Gewölbe
entstehen. Auf diesen Umstand hat bereits Heyman
in [7] dezitiert hingewiesen.

Die Extremlagen der Stützlinie sind in den
Abbildungen 12 und 13 am einfachen Beispiel eines
Bogens bzw. Tonnengewölbes dargestellt. Bei nach
außen nachgebenden Widerlagern (Abb. 12) bildet
sich der typische Scheitelriss am Intrados, während kämpfernah Fugen an der Bogenoberseite
aufgehen. Bei sich aufeinander zu verschiebenden
Widerlagern (Abb. 13) sind im Scheitelbereich Rissbildungen an der Oberseite des Bogens und im

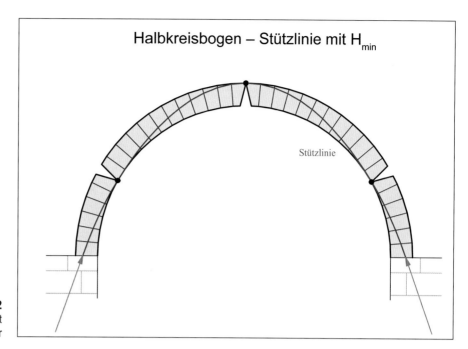

Abb. 12
Halbkreisbogen unter Eigengewicht mit
nach außen nachgebenden Widerlager

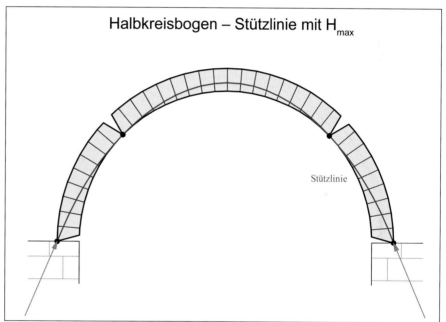

Abb. 13
Halbkreisbogen unter Eigengewicht mit
aufeinander zugehenden Widerlager

kämpfernahen Bereich klaffende Fugen an der Unterseite zu finden.

Holzer hat in [8] dargelegt, dass sich die Rissbilder in Abbildung 12 auch im Fall der winterlichen Temperaturabkühlung zeigen, während die sommerliche Temperaturerwärmung zum Rissbild der Abbildung 13 führt. Das heißt, die Rissphänomene treten nicht nur bei Widerlagerverschiebungen, sondern auch infolge der üblichen Temperaturänderungen im Jahresgang auf – selbst dann, wenn sich unter den statischen Einwirkungen eine Stützlinie in der ersten Kernweite findet.

3 Mögliche Rissursachen der untersuchten Gewölbekonstruktion der Pfarrkirche Maria Himmelfahrt

Aus dem vorliegenden Bauaufmaß und örtlicher Überprüfung konnten bei der Pfarrkirche Maria Himmelfahrt keine nennenswerten Auflagerverschiebungen ermittelt werden. Die möglichen wenigen Millimeter können keinesfalls die großen Verformungen der Grate und Gewölbefelder (Abb. 6 und 8) sowie die teils starken Schädigungen (Abb. 7) erklären.

Die alten Auszwicklungen von Rissen (Abb. 11), die jetzt wieder zu Tage getreten sind, die scheinbare Wirkungslosigkeit der beiden früheren Sicherungsmaßnahmen (Abb. 2) und die verschobene Lage der

Abb. 14
Verschobene Lage eines Fensters in der
südlichen Schildwand

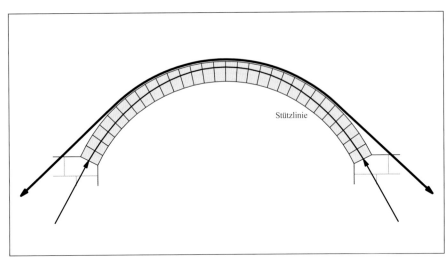

Abb. 15 a
Grundprinzip der „Reinforced Arch
Method" – System mit vorgespannten
Seilen auf der Gewölbeoberseite

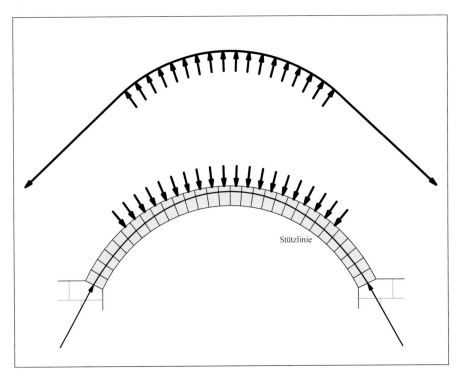

Abb. 15 b
Grundprinzip der „Reinforced Arch
Method" – Umlenkkräfte infolge der
Vorspannung am Seil und auf dem
Gewölberücken

Fenster in den Schildwänden (Abb. 14) lassen vielmehr den Schluss zu, dass die großen Verformungen bereits während der Errichtung des Kirchenschiffs und des Gewölbes bzw. in den ersten Jahren nach Fertigstellung eingetreten sind, auch wenn hierfür bislang keine historischen Quellen gefunden werden konnten.

Wie eingangs erwähnt, waren die Bewohner der Filialgemeinden für die Errichtung des Kirchenschiffes zuständig. Die ländliche regionale Situation lässt durchaus vermuten, dass die Bauern im Sinne der Hand- und Spanndienste selbst die Ausführung als Gemeinschaftsaufgabe erledigten, also weder „gelernte" Bauarbeiter noch ein profunder Baumeister zugegen waren.

Als mögliche Ursachen für die oben genannten Riss- und Verformungsbilder kommen – ohne die Leistung der Bevölkerung schmälern zu wollen – durchaus z. B. zu schwach ausgelegte Lehrgerüste, handwerkliche Unzulänglichkeiten während der Ausführung, zu dicke Mörtelfugen bzw. zu hoher Mörtelanteil, zu frühes Ausschalen bzw. Ablassen der Lehrgerüste und dergleichen in Frage. Daneben spielen Setzungen in der Konsolidierungsphase nach der Errichtung sowie die materialspezifischen Phänomene des Kriechens und Schwindens eine Rolle.

4 Sanierungskonzept mit vorgespannten Seilen auf dem Gewölberücken

4.1 Grundsätzliche Idee der Methode

Die hier angewandte Idee der Gewölbesicherung mittels vorgespannter Seile auf dem Gewölberücken wurde von Lorenzo Jurina, Polytechnikum Mailand, entwickelt, erforscht und erprobt. Er hat die Methode in mehreren Veröffentlichungen dargestellt (z. B. [9] und [10]).

Das Grundprinzip zeigt Abbildung 15. Neben der dargestellten Möglichkeit, die Seile auf dem Gewölberücken anzuordnen (Abb. 15a), hat Jurina auch die Alternative untersucht, dass die Seile an der Gewölbeunterseite eingebaut werden. Einzelheiten hierzu finden sich in [10].

Statt die Biegetragfähigkeit des Mauerwerks „passiv" durch die Einbettung schlaffer Bewehrungsstäbe am Rand zu vergrößern, beruht die „Reinforced Arch Method" auf der „aktiven Kopplung" der beiden Elemente gemauerter Bogen bzw. gemauertes Gewölbe einerseits und vorgespanntes Seil andererseits.

Das Seil wird in geeigneter Weise in den Widerlagern verankert und durch einfache Mittel vorgespannt. Durch die Vorspannung des Seiles entstehen radiale Umlenkkräfte, die quasi als zusätzliche „symmetrische" Auflast auf die gewölbte Konstruktion wirken (Abb. 15b). Dadurch entsteht eine zusätzliche, günstig wirkende Druckbeanspruchung im Mauer-

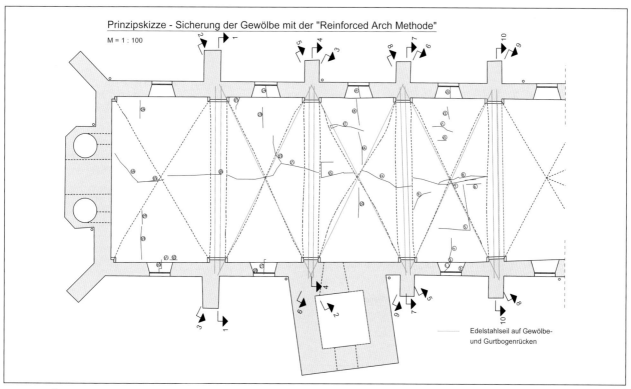

Abb. 16 Übersicht und Prinzipskizze zur Anordnung der vorgespannten Seile (Grundriss)

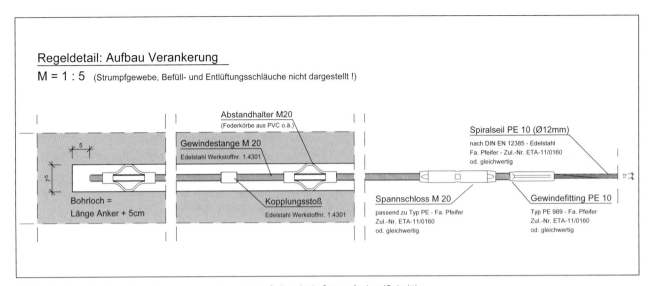

Abb. 17 Regeldetail zur Verankerung der vorgespannten Seile mittels Strumpfanker (Schnitt)

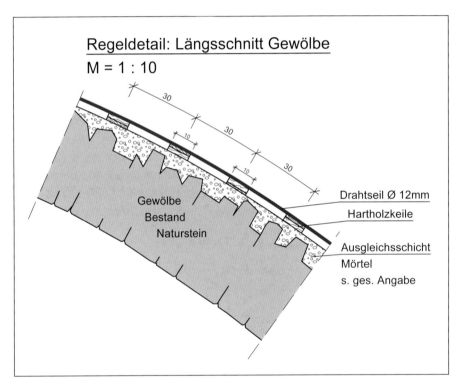

Abb. 18
Regeldetail zur Seilvorspannung durch
Hartholzkeile (Längsschnitt)

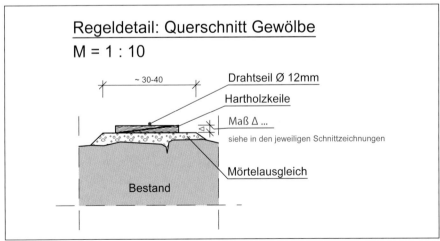

Abb. 19
Regeldetail zur Seilvorspannung durch
Hartholzkeile (Querschnitt)

werk. Durch die erhöhte Druckkraft kann im Gewölbe auch ein größeres Moment aufgenommen werden. Die Stützlinie wird gegenüber dem nicht vorgespannten Zustand weiter in den Kernbereich des Gewölbes bzw. Bogens verlagert.

Die analog günstige Wirkung zusätzlicher symmetrischer Auflasten auf den Stützlinienverlauf und damit auf die Tragfähigkeit von Bogen- und Gewölbekonstruktionen wurde auch in [11] für Bögen ohne und mit Hinterfüllung sowie unsymmetrischer Belastung exemplarisch untersucht.

Da die (mittige) Drucktragfähigkeit des Gewölbemauerwerks bei den üblichen historischen Konstruktionen meist (deutlich) weniger als zu etwa 10 % ausgenutzt wird, kann die Druckbeanspruchung durch die vorgespannten Seile in der Regel risikolos erhöht werden. Die Entstehung der oben beschriebenen Rissbildungen bei Auflagerverschiebungen oder Temperaturänderungen wird dadurch deutlich verzögert.

Das Hauptziel der Methode ist also, die Lastverteilung und damit die Beanspruchung des Gewölbes so zu verändern, dass die Gebrauchstauglichkeit erhöht und die Rissbildung bzw. Rissneigung verringert wird. Der zusätzliche Gewinn an (Momenten-) Tragfähigkeit ist ein weiterer Effekt, aber bei den hier betrachteten Gewölbekonstruktionen eher von nachrangiger Bedeutung.

4.2 Konzeption, planerische Auslegung und Ausführung vor Ort

Die Anordnung der vorgespannten Seile zur Sicherung des Gewölbes in der Pfarrkirche von Blankenrath erfolgt über die Gurtbögen quer zum Kirchenschiff und längs der Grate der mittleren drei Gewölbefelder (Abb. 16). Das westliche Endfeld, das um 1900 angebaut worden war, weist eine deutlich bessere Mauerwerksstruktur, eine höhere Ausführungsqualität und damit deutlich geringere Verformungen und Rissbildungen bzw. -weiten auf. Das Gewölbefeld zum Chorraum ist ebenfalls geringer geschädigt, so dass auch hier auf eine zusätzliche Maßnahme zur konventionellen Risssanierung verzichtet wird.

Die Verankerung der Seile erfolgt über Strumpfanker im Mauerwerk der Strebepfeiler bzw. der Turmwand (Abb. 17). Im ersten westlichen Gurtbogen (Schnitt 1-1 in Abb. 16) wird aus geometrischen Gründen nur ein Seil statt der in der Prinzipübersicht noch dargestellten zwei Seile eingebaut.

Die bestrumpften Anker haben einen Durchmesser von 20 mm und werden in Edelstahl der Werkstoffnummer 1.4301 (V2A-Qualität) eingebaut. Die Bohr-

löcher werden mit einem Durchmesser von 75 mm ausgeführt. Das Verpressgut ist ein systemeigener mineralischer Injektionsmörtel mit entsprechender Körnung und einem auf die Bestrumpfung angepassten Feinanteil. Wichtig ist, dass der Strumpf durch das Injektionsgut außen benetzt ist und somit ein Verbund zwischen Strumpfanker und umgebenden Mauerwerk möglich ist.

Zwischen den Strumpfankern und den Seilen ist auf einer Seite ein Spannschloss M20 vorgesehen (Abb. 17), damit der Ausgleich von Bautoleranzen möglich ist. Dieses Spannschloss wird beim Einbau der Seile nur handfest angezogen, da die eigentliche Vorspannung durch das Unterkeilen des 12 mm dicken Drahtseils durch Hartholzkeile im Abstand von maximal 30 cm erfolgt (Abb. 18 und 19).

Um die Unebenheiten des Mauerwerks auf der Gewölbeoberseite auszugleichen, wird zwischen dem Gewölberücken und dem Seil zusätzlich ein Mörtelband aufgezogen. Dieses besteht planmäßig aus Traßkalkmörtel (Mörtelgruppe M5 gemäß DIN EN 998-2). Das Mörtelbett ist in den Bereichen mit zu steiler Neigung mehrlagig aufzubringen und muss vor dem Einbau der Seile und dem Aufbringen der Vorspannung ausreichend ausgehärtet sein.

Durch das weitgehend ebene Mörtelbett werden Verletzungen der Drahtseile infolge spitzer oder kantiger Steine beim Einbau und Vorspannung vermieden.

Eine der größten Herausforderungen bei der Ausführung ist die Festlegung der späteren Seillage und damit der Bestimmung der effektiven Seillängen. Hierzu werden Schablonen der Verankerungsstellen an den Schildwänden angebracht und dünne, biegsame Bewehrungsstähle auf den Mörtelbettstreifen verlegt.

Die Längen der Drahtseile werden danach vor Ort aufgemessen und die Fertigungslängen unter Berücksichtigung des Seilkriechens, der Reckeffekte und der zusätzlichen Seildehnung beim Aufbringen der Seilklemmen mit der Lieferfirma abgestimmt.

Bei der Dimensionierung der Seile und der Höhe der Vorspannung wurde der Abfall der Vorspannung infolge Kriechen und Schwinden, Reibungsverlusten durch die Seilumlenkung und Spannkraftverluste infolge Relaxation mit einem oberen und unteren (vorsichtig abgeschätzten) Grenzwert berücksichtigt. Die Abschätzung dieser Effekte erfolgte auf Grundlage der Angaben in [12] und [13], die aber nicht direkt und einfach auf die hier angewendete Methode übertragbar sind. Hier sind weitere Untersuchungen wünschenswert.

5 Schlussbemerkungen

Die Ausführung der Gewölbesicherung ist zum Zeitpunkt der Drucklegung dieses Tagungsbandes leider noch nicht abgeschlossen. Daher werden weitere Bemerkungen und Erfahrungen zur Baudurchführung im Rahmen der Natursteintage im mündlichen Vortrag ergänzt.

Ich möchte allen am Projekt Beteiligten noch meinen herzlichen Dank für das Vertrauen und die gute Zusammenarbeit ausdrücken.

Literatur

[1] Blankenrath, „Maria Himmelfahrt". Homepage der Pfarreiengemeinschaft Blankenrath, 2017.

[2] Bastgen, L.: Statische Berechnung zur Verstärkung des Deckengewölbes und der Pfeilerfundamente. Bombogen b. Wittlich, 1974.

[3] Schillo, J.: Bericht über die Prüfung der statischen Berechnung für die statische Sanierung der kath. Pfarrkirche in Blankenrath. Trier, 1975.

[4] Pieper, K.: Sicherung historischer Bauten. Ernst & Sohn, Berlin, 1983.

[5] Barthel, R.: Tragverhalten gemauerter Kreuzgewölbe. Institut für Tragkonstruktionen, Universität Karlsruhe (TH). Aus Forschung und Lehre, Heft 26, 1993.

[6] Piehler, J., Hansen, M., Kapphan, G.: Systemanalyse neugotischer Gewölbe. Voruntersuchungen und experimentelle Validierung. In: Mauerwerk 19 (2015), Heft 4, S. 312–326

[7] Diskussion zum Artikel „The estimation of the strength of masonry arches" von J. Heyman. In: Proceedings of the Institution of Civil Engineers, Part 2, 1981, S. 597–600.

[8] Holzer, S.: Statische Beurteilung historischer Tragwerke. Band 1: Mauerwerkskonstruktionen. Ernst & Sohn, Berlin, 2013.

[9] Jurina, L.: The "reinforced arch method" – a new technique in static consolidation of arches and vaults. Proceedings of the European Conference "Innovative Technologies and Materials for the Protection of Cultural Heritage". December 16–17, 2003, Athens, Greece.

[10] Jurina, L.: Strengthening of masonry arch bridges with "RAM" – Reinforced Arch Method. Seminario IABMAS, Stresa, 2012.

[11] Alsheimer, B.: Bögen, Gewölbe und Strebepfeiler. In: Mauerwerks-Kalender 40 (12015), S. 343–371. Hrsg. W. Jäger. Ernst & Sohn, Berlin.

[12] Haller, J.: Untersuchungen zum Vorspannen von Mauerwerk historischer Bauten. Institut für Tragkonstruktionen, Universität Karlsruhe (TH). Aus Forschung und Lehre, Heft 9, 1982.

[13] Nietzold, A.: Vorspannen ohne Verbund im Mauerwerk historischer Bauten. Institut für Tragkonstruktionen, Universität Karlsruhe (TH). Aus Forschung und Lehre, Heft 39, 2001.

Abbildungen

Alle Abbildungen: Verfasser

Projektbeteiligte

Bauherr: Katholische Pfarreiengemeinschaft Blankenrath, in Zusammenarbeit mit dem Bischöflichen Generalvikariat Trier

Architekt: Architekturbüro Berdi, Bernkastel-Kues

Tragwerksplaner: SK Ingenieurpartnerschaft, Beilingen Konzeption und statische Bearbeitung der Gewölbesicherung: Ingenieurbüro Alsheimer GbR, Herrieden, in Zusammenarbeit mit SK Ingenieurpartnerschaft, Beilingen

Bauausführung: bbr Bausanierungen GmbH, Eppelborn-Dirmingen

Stadtkirche in Lorch – Statische Stabilisierungen am spätgotischen Kreuzrippengewölbe des Chores

von Ronald Betzold

Die umfangreichen statischen Stabilisierungen am Bogentragwerk und an den Außenwänden des Chores sowie ergänzende steinrestauratorische Maßnahmen an der Innenseite des Kreuzrippengewölbes der Lorcher Stadtkirche werden beispielhaft erläutert. Die modellhafte Ertüchtigung stand aufgrund der unvermittelt festgestellten schwerwiegenden Schädigung des Chorgewölbes von Beginn an unter dem Aspekt der Vielfältigkeit und Subjektivität. Hierdurch steigerte sich die individuelle Verantwortungsübernahme durch Architekt, Statikerin und ausführende Firma. Die gelebte Kommunikation, gegenseitige Akzeptanz sowie fachliches Engagement führten im Verlauf der strategischen und didaktischen Prozesse, trotz unterschiedlicher Funktionen und Interessen, zum Gelingen der komplexen Bauaufgabe.

1 Baugeschichte / relevante bauliche Reparaturen

Im Stadtzentrum von Lorch befindet sich die auf Vorgängerbauten errichtete Stadtkirche (Abb. 1). 1474 war das Bauwerk nach fünf Jahren Bauzeit in wesentlichen Teilen fertiggestellt und das Chorgewölbe eingezogen. Der spätgotische 5/8-Chor wurde mittels großer Fenster gestreckt und aufgehellt. Die gebündelten Rippen werden über die aufsteigenden Runddienste von einem Kreuzrippengewölbe überspannt. Mit der bischöflichen Weihe des Hochaltares im Jahre 1507 war die Kirche vermutlich ganz vollendet. In der Zeit des Dreißigjährigen Krieges (1618–48) wurden von der Soldateska Löcher in die Kirchenwände geschlagen. 1715 wird von den Lorchern der bauliche Zustand als beklagenswert dargestellt und eine Renovierung beantragt. 1835–38 löste sich die Südwand der Kirche aus dem Verband, die Chorscheidewand, von Rissen durchzogen, drohte einzustürzen. Das desolate Mauerwerk wurde komplett erneuert. 1904/1905 gab es wiederholt statische Bedenken. Aufgrund „tiefer Risse in und am Chor" [4] wird eine ungenügende Fundamentierung vermutet. Es handle sich um „ungeahnt schlechtes, zum Teil auf loses Geröll aufgebautes Gemäuer" [4]. Daraufhin wurden „alle Quadersteine neu bearbeitet, zum Teil durch neue ersetzt". 1978 wurden Gipsmarken unter anderem am Stabwerk der Chorfenster angebracht. 1984 erfolgte als bislang letzte Maßnahme eine notwendige Stabilisierung des Kirchengebäudes. An den Chorwänden wurden Reparaturen durchgeführt. Die Fundamente des Chores wurden trockengelegt.

Abb. 1 Evangelische Stadtkirche Lorch

2 Kirchengewölbe – sensible Bogentragwerke mit geringer Belastung

Kirchengewölbe sind i. d. R. gering belastete Deckengewölbe, welche durch ein Dachtragwerk geschützt werden. Sie erfahren im Normalfall lediglich eine Belastung durch das Eigengewicht. Aufgrund der mitunter anspruchsvollen Geometrie und Materialverwendung stellen diese Gewölbe dennoch statisch hoch beanspruchte Systeme dar. Ein Bogentragwerk mit einem Verhältnis von Scheitelhöhe zu Spannweite von 1:8 wird bereits als schubkritisch klassifiziert. Man muss bei gemauerten Außenwänden bzw. Strebepfeilern, welche der Aufnahme des Horizontalschubes aus dem Gewölbe genügen sollen, von einer gewissen Beweglichkeit der Auflager ausgehen ohne dass dadurch diese Bauglieder überlastet würden. Daraus resultiert die stets angenommene potentielle Kinematik bzw. Labilität von Gewölben. Diese bestimmende Eigenschaft differiert grundlegend mit jener moderner Konstruktionen. Innerhalb der vorgegebenen Dimensionen sind verschiedene Stützlinienlagen im Gewölbe möglich. Ein moderates horizontales Nachgeben der Widerlager führt zu einer Vergrößerung der Spannweite des Bogentragwerkes und damit zu Rissbildungen in den entstehenden Gelenkfugen. Die Stützlinie wandert hierbei im Scheitelbereich zum oberen Gewölberand, in Auflagernähe zur Unterseite des Gewölbes; die resultierenden Risse bilden sich dazu diametral aus, d. h. an der Unterseite des Gewölbescheitels bzw. an der Gewölbeoberseite am Gewölberand. Überschreiten die entstehenden Spannungen die Druckfestigkeit des Fugenmörtels kommt es zu plastischen Verformungen (Abb. 9). Bei größeren Auflagerverschiebungen senkt sich der Scheitel ab, welches eine weitere Verflachung der Stützlinie sowie eine Zunahme des Horizontalschubes bewirkt. Die innerhalb des Kalenderjahres auftretenden Temperaturunterschiede haben bereits Auflagerverschiebungen bis in den cm-Bereich zur Folge. Bei den Kreuzrippengewölben der Lorcher Stadtkirche verschneiden sich die halbkreiszylindrischen Rippen und Kappen zu liegenden Ellipsen. Die 3-dimensional gekrümmte Verschneidungszone besitzt an sich eine erhöhte statische Stabilität, jedoch ist der mittlere Bereich der Scheitelrippen bzw. – kappen extrem flach, geometrisch ungünstig und hochsensibel gegenüber jeglichen Lasteintragungen. Die Stichkappen von Gewölben sind i. d. R. nicht kraftschlüssig mit dem Außenwandmauerwerk verbunden. Diese Tatsache resultiert aus dem historischen Bauablauf – Aufmauern der Außenwände, Herstellen des Dachtragwerkes inklusive Dacheindeckung und Einziehen des Gewöl-

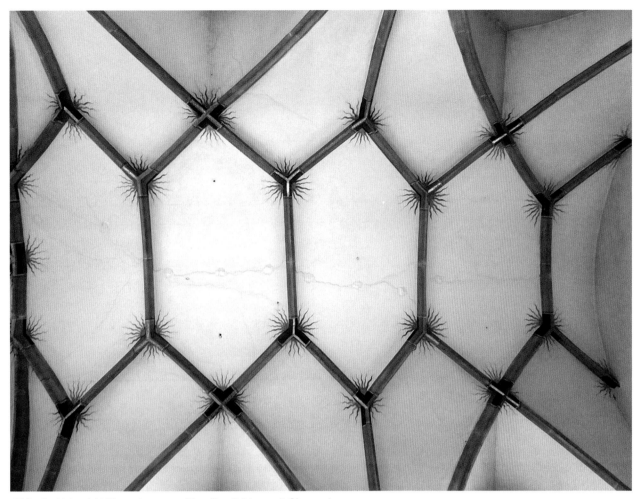

Abb. 2 Untersicht Kreuzrippengewölbe, Parallelrisse mit Gipsmarken

bes (Abb. 6, 13 und 14), bestehend aus Rippen und Kappen. Die Stichkappen besitzen eine definierte Beweglichkeit. Bei Verformungen der Längstonne bleiben diese am nach innen rotierenden Schenkel der Längstonne hängen (Abb. 7 und 8). Zur Außenwand hin entstehen entsprechende Spalten. Als in sich abgeschlossene Systeme tragen sich die Gewölbekappen selbst. Die Kreuzrippen folgen einem eigenen Gelenkmechanismus. Dieser kann anders ausgebil-

det sein als beim Hauptgewölbe, ggf. zu erkennen am Ablösen der Kreuzrippen von der Gewölbetonne (Abb. 4). In der Folge entsteht ein neuer Gleichgewichtszustand mit unterschiedlicher Lastaufnahme am Gesamtsystem. Die Entdeckung von Rissen und Spalten suggeriert dem Laien eine Fragwürdigkeit der Standsicherheit eines Gewölbes. Jedoch hat jedes Gewölbe ober- bzw. unterseitige Risse in den entstehenden Gelenkfugen.

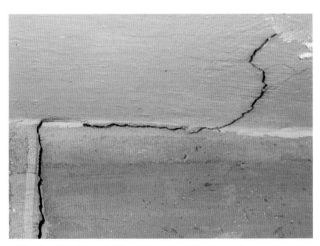

Abb. 3 Detail Scheitelrippe mit aufgemalter Scheinfuge, Fugenklaffung

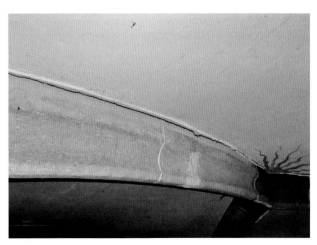

Abb. 4 Detail Ablösung der Scheitelrippen vom Hauptgewölbe

Abb. 5 Hauptgewölbe (Längstonne) mit Stichkappe

Abb. 7 Abriss der Stichkappe von der Aussenwand

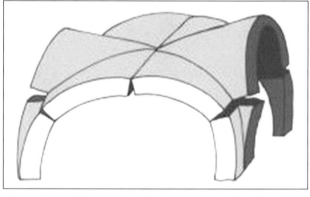

Abb. 8 Modell Dreigelenkausbildung mit typischer Rissbildung, Stichkappe rotiert am Schenkel des Hauptgewölbes

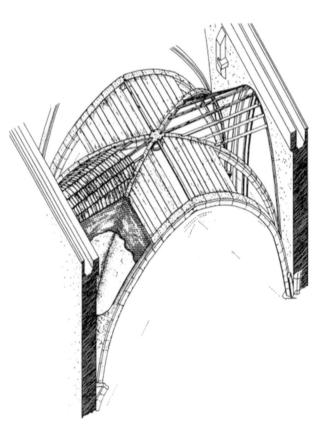

Abb. 6 Modell – Errichten von Kappenmauerwerk auflagernd auf Kreuz- und Gurtrippen

Abb. 9 Detail plastische Verformung Kappenmauerwerk am Gewölberand

Mehrere Risse, welche parallel zueinander verlaufen (Abb. 2), zeigen eine zunehmende Nichtlinearität des Gewölbesystems an und stellen ein Indiz für das Erreichen eines Grenzzustandes vor einem möglichen Durchschlagen des Gewölbes dar. Wandert die Stützlinie aus der Gewölbekontur wird die Grenztragfähigkeit überschritten, es entsteht ein instabiles System. Werden die Zugspannungen aus der Gewölbebiegung größer als die Gewölbe-Vorspannung, kommt es zu einer gestaffelten Klaffung in den Stoßfugen (Abb. 3). Eine komplette Klaffung des Bogen-

querschnittes führt konsequenterweise zum Systemversagen. Existierende Risse bzw. Riss-Systeme, Scheitelabsenkungen (Abb. 16), Auflagerverschiebungen sowie Verformungsverläufe in Längs- und Querrichtung müssen gemessen und dokumentiert werden. Periodische Rissöffnungen in Kombination mit getätigten Rissverschlüssen führen zu einer gefährlichen Rissakkumulation. Materialeigenschaften von Fugenmörteln und vermauerten Rippensteinen bzw. Mauerziegeln der Kappen müssen untersucht werden. Die ermittelten Parameter stellen neben den vorhandenen Bogentragwerksproportionen wichtige Kriterien zur Beurteilung der Resttragfähigkeit dar.

Bei der Stabilisierung von vorgeschädigten Gewölben ist die Kenntnis der aufgeführten Besonderheiten elementar. Ein Sonderthema ist zudem die temporäre Gewölbeabstützung während der Gewölbeinstandsetzung.

3 Baulicher Zustand des Chores / weitere Untersuchungen

3.1 Bogentragwerk (Kreuzrippen aus Sandstein und Kappenmauerwerk aus Ziegel)

Nach Stellung des Innengerüstes wurden bei einer Objektbegehung (Abb. 10) visuell starke Absenkungen im Bereich der Scheitelrippen und den teilweise stark verschobenen Scheitelkappen festgestellt. Im ca. 1,00 m breiten Mittelbereich des Scheitels des Hauptgewölbes erschien der Verlauf nahezu waagerecht. Es wurde ein Stichmaß von 2,0 cm bei einer Breite von 1,00 m ermittelt. Im Sinne einer sofortigen Notsicherung sämtlicher innerer Rippen (Scheitelrippen und direkt anschließende mittlere Rippen) sowie des gesamten Scheitelbereiches des Hauptgewölbes (Tonnenform) wurde ein räumliches Abstützgerüst eingebaut. Auf Anordnung der zuständigen Statikerin wurden die Verformungen von Rippen und Kappen in Teilabschnitten im Längs- und Querschnitt oberhalb und unterhalb des Gewölbes aufgemessen und dokumentiert. Zur Beurteilung des Ausmaßes der Schäden wurde das Gewölbe oberseitig vom Dachraum aus vorsichtig von Staub und losen Teilen befreit. Die Stützrichtungen des Mauerwerkes sowie die detaillierte Gewölbestruktur konnte damit klar definiert werden. Auf der Oberseite der Gewölbekappen waren durchweg an allen Rippen starke Rissbilder zu erkennen. Das Hauptgewölbe (Abb. 5), bestehend aus einlagigem Ziegelmauerwerk, verläuft in Tonnenform in Längsrichtung über die Schulter der gekrümmten Kreuzrippen aus Sandstein. Die Gewölbekappen sind einlagig aus Ziegeln hergestellt. Die Kappendicke beträgt – inklusive Putz unten und Mörtellage oben – 15 cm. In Querrichtung schließt sich das Ziegelmauerwerk der Stichkappen an. Die verformungsgerechten Einmessungen an vier Querschnittprofilen und entlang des Hauptgewölbescheitels wiesen darauf hin, dass sich im Gegensatz zur ursprünglichen Bestandszeichnung alle mittleren Querrippen, einschließlich der Scheitelkappen, erheblich abgesenkt haben (Abb. 16). Eine Scheitelkrümmung ist in Teilbereichen nicht mehr existent. Quer zur Gewölberichtung ist sogar eine negative Krümmung vorhanden. Zudem ist der Gewölbeschei-

Abb. 10 Räumliches Abstützgerüst, Parallelriss-System Unterseite Scheitel

Abb. 11 Lockere Reparaturverbleiung in der Stoßfuge Scheitelrippe

Abb. 12 Detail durchgerissene Fuge Nähe Knotenpunkt Kreuzrippe, Abplatzung am Werkstein

tel nicht waagerecht, sondern leicht nach Norden geneigt. Auf der nördlichen Seite ist die Krümmung geringer (Radius ca. 7,00 m) als auf der südlichen Seite. Im Übergang zu den steileren Gewölbeflächen erscheint die Krümmung übermäßig stark. An den unteren Bereichen zahlreicher mittlerer Rippensteine klaffen schmale, jedoch durch den gesamten Steinquerschnitt gehende Risse sowie Abplatzungen (Abb. 12). An vielen Stellen wurden unter der Bema-

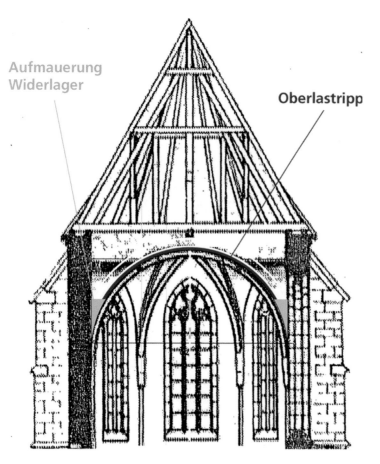

Abb. 13 Chor-Querschnitt mit Widerlager Aufmauerung und Oberlastrippen

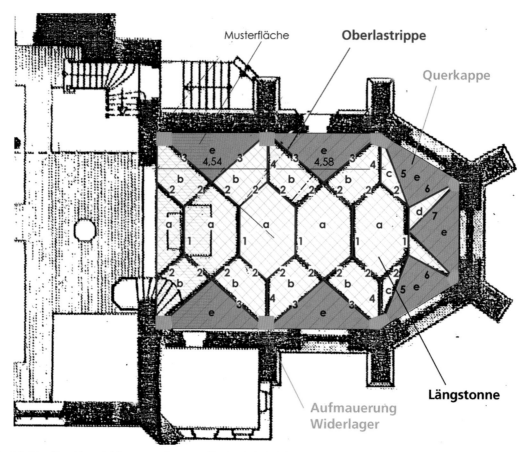

Abb. 14 Chor-Grundriss mit Längstonne (Hauptgewölbe) und Verlauf Kreuzrippen

lung alte Reparaturen an den Stoßfugen und den Sandsteinbogenrippen sichtbar. Teilweise wurden diese Ausbesserungen mittels Verbleiungen ausgeführt. Die bis zu 6 cm breiten Bleifugen (Abb. 11), vorhanden in sämtlichen Scheitelrippen, lassen die tatsächliche Zunahme der Spannweite des Hauptgewölbes sehr gut erkennen. An zahlreichen Stellen haben sich seit der letzten Reparatur neue Risse und Abscherungen gebildet. Durch die Übermauerung der ersten Querrippen mit den quer angeordneten mittleren Kappen haben sich deren Ränder teilweise plastisch nach oben verformt (Abb. 9) bzw. sind oberhalb der Rippen aufgerissen. Die Sandsteinrippen reichen nur an den Kreuzungspunkten (Schlusspunkte) bis in das Kappenmauerwerk. Die anschließenden Zwischen-Rippensteine haben sich partiell stärker abgesenkt als das Hauptgewölbe und die Schluss-Steine verdreht. Die Fugen der Kappen des Hauptgewölbes sind in den oberen Zentimetern teils nur noch mit losen Mörtelresten verfüllt, an einigen Stellen wurden vermutlich früher stark geschädigte Bereiche mit zementhaltigem Mörtel überarbeitet. Nach den starken Absenkungen und Beschädigungen sowie der Feststellung, dass auch der formschlüssige Verbund zwischen Kreuzrippen und Gewölbekappen nicht mehr überall gegeben war (Abb. 17), konnte das Kreuzrippengewölbe auf Grund der großen Schubkräfte, verbunden mit zu hohen Randspannungen, nicht mehr allein im historischen Bestand ergänzt werden. Es mussten zudem konsequent weitere Absenkungen ausgeschlossen werden. Die Vergrößerung der Druckspannungen in der Gewölbekontur, bedingt durch das seitliche Ausweichen der Choraußenwände bzw. asymmetrische Setzungen dieser und damit ein Verschieben der Rippenauflager, definiert die starken Absenkungen der mittleren Kappen und Rippen. Durch eine Verwitterung der Stoßfugen an der Gewölbeoberseite wurden die Schadphänomene nochmals wesentlich verstärkt. Die Superpositionierung extremer Krümmungsradien mit einer geringen Kappenstärke ergibt bei sehr hohen Schubkräften (ca. 20 kN/m) ohne Versteifung ein labiles Gebilde, welches auf Punktlasten sehr empfindlich reagiert und im Zweifelsfall ohne Vorankündigung versagt.

3.2 Außenwände des Chores

Das Sandstein-Quadermauerwerk der Chorwände wurde 1905 an den Außenseiten instandgesetzt. Die Reparatur erfolgte jedoch lediglich an der äußeren Oberfläche. Das restliche, schwerer zugängliche, Innen-Wandmauerwerk muss schon damals große Schäden aufgewiesen haben. Hier wurden keine nennenswerten Ertüchtigungen vorgenommen. Nach

Abb. 15 Ausräumen desolater Fugen Ziegelmauerwerk

Abb. 16 Längsverformungen und Abrisse des Hauptgewölbes (Längstonne)

Abb. 17 Detail Schluss-Stein, Kappenmauerwerk ungenügend aufliegend auf Schulter der Steinrippen, starke Verformungen

Entfernen der „Fugenverschmierungen" wurde ein völlig desolates Mauergefüge vorgefunden. Speziell im Bereich der Mauerkrone zum Dachtragwerk mussten zahlreiche flächenhafte und bis zu 15 cm breite, zumeist durchgehende Risse (Abb. 29) sowie weitere partielle Hohlräume im Mauerwerkskern festgestellt werden. Diese Störung der Mauerwerksstruktur wurde zunächst in der gesamten Dimension bei einer Betrachtung von außen nicht erkannt.

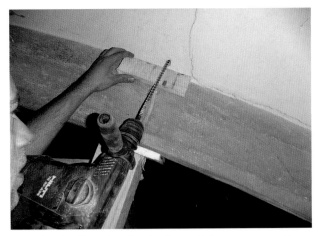

Abb. 18 Gewölbeunterseitige Sondierungsbohrungen zum exakten Verlauf Kreuzrippen

Abb. 19 Einbau Rückverankerung Kreuzrippen und MOSO-Lochband zur Putzträger-Arretierung

Abb. 20 Ausgleich sehr grober Fehlstellen Ziegelmauerwerk Längstonne Anschluss Stichkappe

Abb. 21 Detail Schluss-Stein mit eingeklebten V2A- Gewindestäben – Rückverankerung 3-fach

4 Statische Stabilisierungen am Bogentragwerk und an den Außenwänden des Chores

4.1 Temporäre Abstützung des Gewölbes während der Bauausführung

Bei erforderlichen Instandsetzungsmaßnamen an einem Gewölbe muss das potentiell vorhandene kinematische Tragverhalten auch bei dem Einbau eines Abstützgerüstes streng beachtet werden. Die temporäre Abstützung während der Bauausführung verlangt eine sorgfältige Planung und Dimensionierung. Gewölbeabstützungen müssen als räumliches Traggerüst vollflächig unterhalb des Gewölbes angeordnet werden (Abb. 10). Partielle Abstützungen wirken wie das Eintragen von punktuellen Einzellasten und haben daher parallel zu asymmetrischen Lasteinleitungen destabilisierende Auswirkungen auf das Gesamtgewölbe.

In der Lorcher Stadtkirche wurde das spätgotische Chorgewölbe entlang der gesamten Längsachse im Bereich der Scheitelrippen, Mittelrippen sowie Schei-telkappen weich abgesprießt. Hierbei musste sehr sorgfältig und vorsichtig gearbeitet werden, um eine Überdrückung und damit eine Abhebung von Bogenrippen und Kappenmauerwerk von der Unterseite her auszuschließen. Angeordnet wurden Vertikalstützen, Schrägstützen sowie Längsbalken, welche teilweise keilförmig zugeschnitten wurden. Als Zwischenglied zum räumlichen Innengerüst diente ein flächenhafter Horizontal-Balkenrost. Es erfolgte eine senkrecht stehende Abstützung aller mittleren, scheitelnahen Bereiche – hier konnte eine Reibungsübertragung angenommen werden – sowie eine Schrägabstützung zum Gewölberand hin, um ergänzend konstruktiv eine eventuelle Abhebung der Gewölbeschale zu minimieren. Sämtliche Stützen wurden untereinander in Längs- und Querrichtung druckfest gekoppelt. Als kompressible Zwischenschicht wurde eine 2 cm starke Styroporlage vorgesehen, welche innerhalb der Kappen zusätzlich mit einer Längsverteilung aus Brettern ergänzt wurde.

Abb. 22 Fugenverfüllung, Aufbringen Egalisierlage, Eindrücken Edelstahl-Ziegeldrahtgewebe STAUSS

Abb. 23 Umlegen und Verdübeln der Arretierungen aus MOSO-Lochband, Aufbringen Decklage Gewölbe-Putz-System

Abb. 24 Konventionelles Herstellen von Edelstahl-Bewehrungskörben

Abb. 25 Montage Edelstahlbewehrungskorb, örtliche Anpassung an den Krümmungsverlauf

4.2 Statische Stabilisierung des Kreuzrippengewölbes

Grobreinigung

Die Oberseite des Gewölbes wurde von losen Mörtelschalen, abgerissenen Ziegelstücken und losem Fugenmaterial befreit und insgesamt manuell grob gesäubert.

Ausräumen Fugen und Feinreinigung (Abb. 15)

Desolate Fugen wurden bis ca. 5 cm ausgeräumt. Die Feinreinigung umfasste das Absaugen sowie die Vorbereitung der Oberseite zur Vermörtelung.

Ausgleich, Risse und Fugen (Abb. 20)

Bestehende Fehlstellen wurden grob ausgeglichen, tiefe Risse verfüllt, Vor- und Deckverfugung wieder mittels Trasskalkfugenmörtel TKM 2,5 und Ziegelstücken hergestellt.

Das Auflagermauerwerk in den tief gezogenen Rippenecken, zur Lastaufnahme der über den Steinrippen geplanten Oberlastrippen, wurde aus Bruchsteinen hergestellt. Es erfolgte eine Abstellung des Auflagermauerwerkes zu den seitlichen Kappen mittels eingelegter Jutestreifen.

Sondierung der Rippen und Stoßfugenlage (Abb. 18)

Für die geplante, exakt axiale Aufhängung der vorhandenen 3-dimesional gekrümmten Rippen an die Oberlastrippen war eine aufwendige Sondierung mittels begleitender Durchbohrungen erforderlich. Ebenfalls mussten die einzelnen Stoßfugenlagen von der Unterseite des Gewölbes zum Dachraum hin übertragen werden.

Verankerung der Rippen (Abb. 19 und 21)

Nach Abschluss der Sondierungen konnten die eigentliche Bohrungen ca. 30 cm tief vom Dachraum aus in die Rippensteine drehend schlagend ausgeführt werden. Das Einkleben der V2a-Ankerstäbe 12 mm, inklusive U-Scheiben und Muttern in die Rippensteine, erfolgte mittels eines Hybridmörtel HILTI-HIT HY 70. Normale Bogensteine, ca. 90 cm lang, erhielten zwei Ankerstäbe, die Schluss-Steine drei Ankerstäbe. Die wirksame Verankerung wurde durch Ausziehversuche nachgewiesen.

Abb. 26 Zweihäuptige Einschalung der Oberlastrippen

Abb. 27 Verfüllen und Verdichten des Leichtmauermörtels LM 36

Abb. 28 Druckfeste Abdeckelung der Schalungsstränge im extrem gekrümmten Bereich

Abb. 29 Oberlastrippen ausgeschalt mit Edelstahlblech-Knotenpunkt am Chorende, Risse Mauerkrone

Edelstahl-Lochbänder als Flächenanker (Abb. 20)
Parallel zur Verankerung der Rippensteine erfolgte das ca. 5 cm tiefe Einkleben von MOSO-Lochbändern in die Fugen des Kappenmauerwerkes, ebenfalls mittels Hybridmörtel.

Mörteltragschicht auf dem Hauptgewölbe im Sinne eines Gewölbestütz-Putzsystems
Auf der gesamten Oberseite des Hauptgewölbes wurde eine Mörteltragschicht aus Trasskalkmörtel mit eingebettetem STAUSS Edelstahl-Ziegeldrahtgewebe zweilagig appliziert (Abb. 22). Als erstes erfolgte das Aufkämmen der Egalisierungslage, in welche das Edelstahl-Ziegeldrahtgewebe eingedrückt wurde. Die Sicherung und Schubverankerung des Gewebes wurde durch Umbiegen und Verdübeln der MOSO-Edelstahl-Lochbänder erzielt. Die Decklage des Gewölbestütz-Putzsystems wurde frisch in frisch mit der Egalisierungslage verzahnt (Abb. 23).
Abschließend wurde die Oberfläche abgefilzt und mittels Feuchthalten nachbehandelt.

Bewehrung Oberlastrippen (Abb. 24 und 25)
Die Bewehrungskörbe aus RIPINOX-Edelstahl (Tragstäbe 8 mm, Bügel 6 mm) wurden einzeln individuell 3-dimensional vor Ort an Lage und Form der vorhandenen Sandsteinrippen angepasst, inklusive der Ausbildung von y-förmigen Kreuzungspunkten sowie Durchdringen der Bewehrungskörbe bei 4-Punkte Kreuzungen. Im Stirnbereich des Chores musste die kraftschlüssige Bündelung von vier Endrippen aufgrund dezimierter Höhe mittels Edelstahl-Knotenblech gewährleistet werden.

Schalung Oberlastrippen (Abb. 26)
Zur Modellierung der Oberlastrippen wurden zweihäuptig gekrümmte Schalungsstränge aus OSB-Holzplatten angefertigt, inklusive Vorhalten zusätzlicher Deckelschalung (Abb. 28)

Einbau Tragmörtel Oberlastrippen (Abb. 27)
Der Tragmörtel (M5) der Oberlastrippen, ein Leichtmauermörtel LM 36, wurde abschnittsweise jeweils vom Gewölbeende zum Scheitel hin mittels Mörtel-Injektionspumpe eingebaut und mit Flaschenrüttler verdichtet. Dabei wurde die Deckelschalung sukzessive weitergeführt. Zur Optimierung der Aufnahme der Schubkräfte erfolgte eine taschenförmige Abstufung der Vermörtelungsabschnitte vor den Kreuzungspunkten. Die Oberlastrippen wurden nach Erhärtung –

Abb. 30 Oberlastrippen ausgeschalt seitlicher Chorbereich

Abb. 32 Vorbereitungsarbeiten zum Einsetzen von Kreuzrippen-Vierungen

Abb. 31 Vertikal-Kernbohrungen zur Herstellung der Vertikalverankerung Mauerkrone, parallel-axial zu Strebepfeiler

ca. nach drei Tagen ausgeschalt und nachbehandelt (Abb. 29 und 30). Die Stichkappen waren durchweg in einem akzeptablen Bauzustand. Sie wurden gereinigt und die geöffnete Anschlussfuge zur Chloraußenwand lediglich mit Steinwolle verschlossen.

Statische Ertüchtigung und Sicherung des Außen-Wandmauerwerkes

- Vorverpressung gesamtes Mauerwerk mit Injektionsschaummörtel
- Komplette Risssanierung der Mauerkrone inklusive Beimauerungen
- Sonderbefestigungen der Bohreinheit für Vertikal-Kernbohrungen mit Absaugvorrichtung (Abb. 31)
- Vertikalbohrung axial zu den Strebepfeilern 4 Stück, Durchmesser 60 mm,
- T = 3,00 m, Ziehen der Bohrkernreste mittels Fangkorb
- Horizontalbohrung Chorscheidewand 8 Stück, Durchmesser 60 mm, T = 2,15 mm
- Horizontalbohrung schräg 3 Stück, Durchmesser 56 mm, T bis 5,65 m

- Horizontalbohrung schräg 4 Stück, Durchmesser 150 mm, T bis 0,40 m
- Einbau Vertikalspannglieder DYWIDAGg parallel axial Strebepfeiler
- Einbau Horizontalanker innen Bereich Anschluss Kirchenschiff
- Einbau Horizontalanker außen schräg Bereich Chorende
- Komplette Herstellung Druck-Betonpolster 70/39/15 cm
- Wiedereinbau der gesicherten Kernbohrstücke DM 150 mm
- Neuverfugung Sandstein Werkstein außen inklusive Tiefenverfugung

Steinrestauratorische Maßnahmen an der Deckenseite des Gewölbes

- Ausbau von Stoßfugenverbleiungen bis Stärke 6 cm!
- Tiefen- und Deckverfugung der Rippenstöße

Abb.33 Eingebaute profilierte Vierung, Verdämmung der Abrisse der Rippensteine

Abb.34 Restaurierter spätgotischer Chor

- Einsetzen von profilierten Rippenvierungen über Kopf (Abb.32 und 33) inklusive Verankerung in Bestandsrippen mittels GFK-Stäben 6 mm
- restauratorische profilierte Formergänzungen mit Steinrestauriermörtel
- steinkonservatorischer Oberflächenverschluss mit Steinrestauriermörtel
- Rissvernadelungen mit Edelstahlstäben bzw. GFK-Stäben bis 8 mm
- partielle Steinfestigungen mit KSE 300

Der Chor der Lorcher Stadtkirche wurde am 20. Juli 2015 wieder eingeweiht (Abb.34).

Schlussbemerkung

„Ein stabiles Gewölbe ist im Gebrauchszustand ein vertracktes Bauwerk. Nur um den Preis des Versagens entäußert es die in ihm wirkenden Kräfte."
Dr.-Ing. Karl-Eugen Kurrer

Projektbeteiligte Planer

Dipl.-Ing. Ursula Kallenbach
Schilling + Kallenbach
Stuttgart

Dipl.-Ing. Hans Günter Schädel
Freier Architekt
Remshalden

Literatur

[1] Rainer Barthel: Bögen und Gewölbe – Bewerten und Instandsetzen Natursteinbauwerke. Theiss Verlag, Landesamt für Denkmalpflege Arbeitsheft 29, 2015

[2] Andreas Bewer: Ertüchtigung von gemauerten Bogentragwerken unter hohen Lasten. Mauerwerk 17, Heft 4, Verlag Ernst & Sohn, 2013

[3] Stefan M. Holzer: Statische Beurteilung historischer Tragwerke Mauerwerk. Band 1, Verlag Ernst & Sohn, 2013

[4] Hermann Kiesling: Evangelische Stadtkirche Lorch. Herausgegeben von der Evangelischen Kirchengemeinde Lorch, Ostalbkreis des Landes Baden-Württemberg, 2002

Abbildungen

Abb. 1: https://remszeitung.de/2011/3/26/nach-fast-30-jahren-wieder-ein-bildband-ueber-lorch
Abb. 6: http://static.digischool.nl/ckv2/kerk/chartres/cluny/Cluny.htm (Ribgewelven maken het gewelf lichter, zodat de muren minder dik hoeven te zijn)
Abb. 8: Stefan M. Holzer [3]
Abb. 13, 14: Kallenbach/Schädel/Betzold – Planunterlage, Dipl.-Bauing. (FH) Klaus Brückner – Bauaufnahme aus [4]
Abb. 34: Evang. Kirchgemeinde Lorch
Alle anderen Abbildungen: Verfasser

Restaurierung und Rückverankerung der Einfriedungsmauer der Johanneskapelle Steeden – Werkbericht über die Instandsetzungsarbeiten

von Hans-Dieter Jordan und Erich Erhard

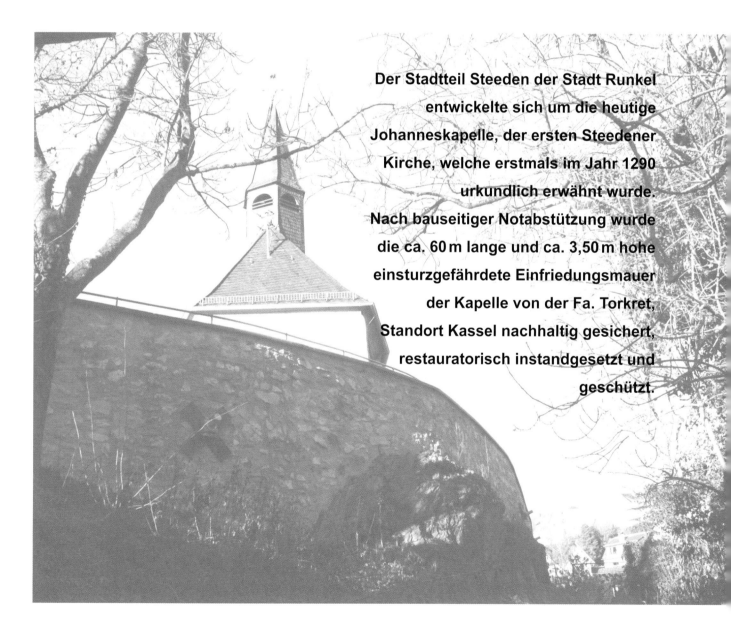

Der Stadtteil Steeden der Stadt Runkel entwickelte sich um die heutige Johanneskapelle, der ersten Steedener Kirche, welche erstmals im Jahr 1290 urkundlich erwähnt wurde. Nach bauseitiger Notabstützung wurde die ca. 60 m lange und ca. 3,50 m hohe einsturzgefährdete Einfriedungsmauer der Kapelle von der Fa. Torkret, Standort Kassel nachhaltig gesichert, restauratorisch instandgesetzt und geschützt.

1 Bau- und Nutzungsgeschichte

Der Stadtteil Steeden der Stadt Runkel entwickelte sich um die heutige Johanneskapelle (Abb. 1), der ersten Steedener Kirche, welche erstmals im Jahr 1290 urkundlich erwähnt wurde. Sie gehörte damals zum Lubentiusstift in Dietkirchen. Die Kirche galt als vorgeschobener Posten des Klosters Prüm in der Eifel, von dem die Christianisierung des Lahngebiets ausgegangen war. Untersuchungen der Bausubstanz deuten darauf, dass das als Wehrkirche konzipierte Bauwerk im 11. Jahrhundert errichtet wurde. Inmitten des heutigen Ortskerns von Steeden wurde die Kirche auf einem steilen Felshügel gegründet und der Kirchhof mit einer umlaufenden Stützwand als Einfriedungsmauer gesichert und begrenzt.

2 Schadensbild und Ausführungskonzept

Die nördliche 60 m lange und bis zu 3,50 m hohe Stützmauer, die an eine öffentliche Wegparzelle und an ein Privatgrundstück grenzt, zeigte in zwei Bereichen durchgängige vertikale Risse mit erheblichen Verschiebungen von Steinschichten (Abb. 2). Zudem waren die nordöstlichen Flächen der Stützwand seit Jahrzehnten mit Efeuranken durchwachsen. Das Mauergefüge war mit bis zu 30 cm starkem Wurzelholz durchrankt und durchdrungen.

Grundsätzlich war der ursprüngliche Fugenmörtel an der gesamten nördlichen Wandoberfläche nicht mehr erkennbar. Das Natursteinmaterial lag größtenteils lose im Gefüge (Abb. 3) und war in stark beanspruchten Bereichen bereits ausgefallen.

Die statischen Voruntersuchungen mit vorangegangenem Schurf am Mauerfuß ergaben, dass die Standsicherheit bei nassen klimatischen Bedingungen nicht mehr gewährleistet war. Diese Bereiche waren deshalb im Vorgang der Instandsetzungsarbeiten bauseitig mit Notabstützungen aus Holzkonstruktionen (Abb. 4) vorübergehend abgefangen.

Die Mauerkrone war abgedeckt durch eine unbewehrte Betonschicht in unterschiedlichen Dicken bis zu 10 cm Stärke. Die Abdeckung hatte keinen Überstand, war ohne Fugen ausgebildet und war durch die statischen Verformungen an vielen Stellen aufgerissen und abgeschert, so dass über Jahre Wasser ungehindert in den Mauerkörper eindringen konnte.

Da das Gelände der Kirchhofseite um mehrere Meter höher als zur Talseite liegt, wurden zudem Maßnahmen zur Reduzierung des Feuchteeintrags durch gezielte Ableitung der Niederschlagswässer über eine Modellierung des Kirchgartengeländes erforderlich.

Abb. 1 Johanneskapelle Steeden

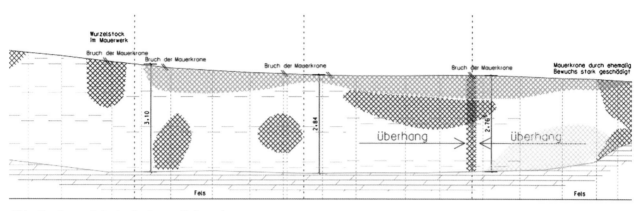

Abb. 2   Auszug Schadenskartierung (J. Jansen)

2.1 Rekonstruktion und Fugeninstandsetzung

Nach dem Entfernen des Bewuchses wurde marodes, instabiles, durchwurzeltes und überhängendes Mauerwerk partiell abgetragen, Wurzelwerk und Efeuranken vorsichtig freigelegt und ausgebaut. Die Mauerfehlstellen wurden rekonstruiert und mit örtlich abgebauten Kalksteinen lagenweise, dem Bestand entsprechend wieder aufgefüllt und mit Sondermörtel vermauert. Die auffällige Struktur des Mauerwerks an der nördlichen Wand wurde wieder ausgebildet. Der weißgräuliche Kalkstein wurde dabei in regelmäßigen Abständen mit dünnen Schichten grüner Schalsteine durchzogen.

Abb. 3   Ausgangszustand Nordostansicht

Die tief ausgewitterten Fugen wurden in Abstimmung mit der Landesdenkmalpflege mit drainfähigem Sondermörtel auf Trasskalkbasis im Trockenspritzverfahren feuchteresistent, kraftschlüssig und steinsichtig verfüllt. Gewählt wurde ein robuster vorkonfektionierter Sondermörtel ohne wasserabweisende Zusätze, dessen Sieblinie in Form einer Drainagekörnung zusammengesetzt ist, um unvermeidbar anstehende Feuchtigkeit und Wasser leichter durch das Mauerwerk zu leiten.

Zu Beginn der Maßnahme wurden eigens vier Musterflächen mit verschiedenen Mörteln mit unterschiedlichem Größtkorn und unterschiedlicher Oberflächennachbehandlung angelegt.

Hierzu wurden die Fugen im Trockenspritzverfahren bis in die Tiefe gefüllt und mit hohem Druck verdichtet. Der überschüssige Mörtel, der die Steinoberflächen abdeckte, wurde im frischen Zustand mit Quast steinfühlig verschlichtet. Durch den geschlossenen Überzug war dabei die wechselnde Natursteinansicht nicht zu erhalten. Durch die unterschiedlichen Stärken der so erzeugten „Putzfläche" neigte der feinkörnige Mörtel mit Größtkorn 4 mm eher zur Rissbildung und Abplatzungen im Bereich der oberflächennahen Steinköpfe.

Abb. 4   Notabstützung

81

Abb. 5 Tiefenverfugte Wandfläche steinsichtig gestrahlt

Abb. 6 Ankerbohrung

Abb. 7 Endverankerung

Ausgewählt wurde deshalb eine Ausführung mit einer Tiefenverfugung mit grobkörnigem Mörtel (Größtkorn bis 8 mm) und anschließendem Freistrahlen der Steinköpfe nach Anfangserhärtung des Spritzmörtels mit Granulat Körnung 1–2 mm (Abb. 5).

Hier kam die besondere Mauerstruktur mit den linear wechselnden Steinlagen wieder deutlich zur Geltung. Der zusätzliche steinsichtige Strahlgang verbessert darüber hinaus die Wasserführung im nahtlosen aber kraftschlüssigen Übergang von Fugen- zu Steinmaterial. Die gröbere Körnung wurde auch hinsichtlich der besseren Drainagewirkung und der höheren statischen Stabilität des Fugenmörtels im Gefüge favorisiert und verwendet.

2.2 Rückverankerung und statische Sicherung

Die ursprünglich geplante Rückverankerung durch in Schachtgräben einbetonierte Erdvernagelungsbalken musste verworfen und geändert werden. Ausgeführt wurde eine Dauerverankerung mit schräg eingebohrtem DYWIDAG Zugpfahl mit Rippenrohr DU = 65 mm und GEWI DU = 40 mm, Bst 500S. Acht Anker in vier Teillängen zu je 2,75 m verbunden über je drei Koppelstellen wurden in die 11 m langen Imlochbohrungen (Abb. 6) mit Abstandshaltern eingebaut. Danach wurden die Anker injiziert und damit auch dauerhaft vor Korrosion geschützt. Die Verankerungslänge der unter 20 Grad geneigten Zugpfähle betrug über 4 m im Fels. Die außenseitige Verankerung erfolgte sichtbar über am Mauerwerk angelegte Ankerkreuze aus 35 mm dickem Cortenstahl S235 mit Ankerplatten und Ankermuttern und beschichteter Stahlhaube (Abb. 7). Zur Verbesserung der Lastverteilung im Bereich der Ankerkreuze wurden auf einer Fläche von 2,50 m × 2,50 m im Raster von 50 cm × 50 cm Bohrungen DU = 25 mm hergestellt und in diese Anker DU = 12 mm eingebaut und mit einem Ankermörtel TUBAG HSTV-p verfüllt. Zum Schutz vor unkontrolliertem Suspensionsaustritt wurden zusätzlich feinmaschige Ankerstrümpfe verwendet.

2.3 Mauerkronenabdeckung

Die aufgerissene, abgescherte und zu schmale ursprüngliche Mauerkrone wurde durch eine vor Ort geschalte, durchgefärbte Betonkonstruktion mit Überstand abgedeckt und geschützt. Die untere Schalkonstruktion wurde über horizontale Durchsteckanker befestigt und ausgerichtet. Darauf wurde, dem Mauerverlauf angepasst, mit dem erforderlichen Überstand die Stirnschalung angebracht und eine Tropfkante durch Einlage einer Dreikantleiste an der Untersicht ausgebildet. Die Betonplatte wurde konstruktiv bewehrt, alle 50 cm über Bewehrungsanschlüsse Hilti –

Abb. 8   Mauerkronenabdeckung aus Beton

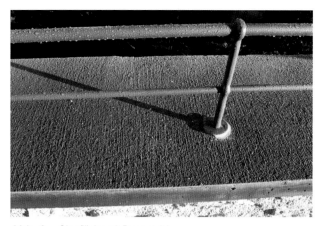

Abb. 9   Oberfläche mit Besenstrich

Abb. 10   Nach dem Reinigen und Aufmauern

Abb. 11   Nach Fertigstellung aller Arbeiten

HIT Hy 70 im Mauerwerk 45 m tief verankert und zwischen 50 und 80 mm dick in einer Betongüte C 25/30, Körnung 0–8 mm ausgebildet. Der vorkonfektionierte Beton wurde örtlich mit Farbpigmenten nach Muster angereichert, angemischt und von Hand eingebaut und verdichtet (Abb. 8). Die geneigte Oberfläche wurde abgezogen und mit einem Haarbesen bearbeitet (Abb. 9). Alle 8 m wurde eine Dehnfuge angeordnet, die abschließend dauerelastisch verfüllt wurde.

Als wesentliche Ersatzbaustoffe wurden verwendet:

- tubag® Fugenmörtel der quick-mix Gruppe GmbH, Osnabrück
- tubag® Verpressmörtel der quick-mix Gruppe GmbH, Osnabrück
- GEWI®-Daueranker der Firma DYWIDAG-Systems International GmbH

3   Schlussbetrachtung

Die Rekonstruktion und statische Verankerung der Einfriedungsmauer der Johanneskapelle diente dem Erhalt des seit vielen Jahrhunderten kulturellen Mittelpunktes der Gemeinde Steeden. Die Durchführung der Arbeiten waren Herausforderung an den Bauherrn, den Planer, den zuständigen Behörden, an das ausführende Unternehmen und letztendlich an die handelnden Personen. Der Kompromiss zwischen „low-cost" und nachhaltiger Arbeit unter dem Primat von Erhalt und Sicherung von Bausubstanz und damit von Kultur und Identifikation scheint gelungen (Abb. 10 und 11).

Quellen

Als Quellen zur Baugeschichte sowie den baulichen Anforderungen wurden Informationen aus den Ausschreibungsunterlagen des Auftraggebers Ev. Kirchengemeinde Steeden, vertreten durch das Büro Dipl.-Ing. Markus Bardenheler, Villmar genutzt.

Abbildungen

Abb. 2: Planauszug, Ingenieurbüro Schlier und Partner GmbH, Darmstadt
Alle weiteren Abbildungen: Torkret GmbH, Essen

Die Leitlinie denkmalpflegerischen Handelns in Kloster und Schloss Salem. Ein Überblick

von Martina Goerlich

Seit dem weitgehenden Übergang von Kloster und Schloss Salem an das Land Baden-Württemberg im Jahr 2009 laufen auf dem Areal der ehemaligen Zisterzienserabtei zahlreiche Bauvorhaben, die von der Landesdenkmalpflege intensiv betreut werden. Der Anspruch ist hoch. Maßnahmen an dieser bedeutenden Anlage müssen denkmalfachlich von höchstem Niveau sein und Vorbildcharakter haben. Was heißt das aber konkret? Was bewegt Denkmalpflege? Nach welchen Kriterien kann man beurteilen, wie qualitätvoll die Arbeiten in Salem umgesetzt wurden? Jedes neue Vorhaben bringt ganz eigene Problemstellungen und Herausforderungen mit sich. Lässt sich dennoch eine durchgehende Leitlinie denkmalpflegerischen Handelns in Salem erkennen?

Das Zisterzienserkloster Salmansweiler wurde im ersten Drittel des 12. Jahrhunderts gegründet und bald darauf vom Stauferkönig Konrad II. zur Reichsabtei erhoben. Die Abtei sollte bis zu ihrer Aufhebung 1802 zu den mächtigsten und reichsten Klöstern im südwestdeutschen Raum gehören. Aufgrund der herausragenden Architektur, der bemerkenswerten Ausstattung und der außerordentlich hohen geschichtlichen Bedeutung gehört das Kloster und spätere Schloss Salem zu den wertvollsten Kulturdenkmalen des Landes. Der historische Baubestand der weiträumigen Klosteranlage reicht vom 13. bis in das frühe 19. Jahrhundert [1] (Abb. 1).

Denkmalpflege in Salem hat dafür Sorge zu tragen, dieses bedeutende bauliche und künstlerische Dokument möglichst unverfälscht in seinem Bestand zu sichern und künftigen Generationen als Kulturerbe zu übergeben. Was hat sie dabei zu beachten?

1 Auftrag und Zielsetzung der Denkmalpflege

Gegenstand der Denkmalpflege ist das bauliche oder künstlerische Zeugnis, das Auskunft gibt über die Zeit, in der es entstanden ist, über die damaligen Kenntnisse und Techniken, das damals verfolgte ästhetische und künstlerische Ideal und über die gesellschaftlichen und ökonomischen Rahmenbedingungen seiner Entstehung. Ebenso liefert es Informationen über seine Rezeption, die Geschichte seiner Reparaturen und Überarbeitungen, das Alterungsverhalten seiner Substanz. Jede restauratorische oder reparierende Maßnahme am Kulturdenkmal ist ein Eingriff in den Bestand, der Folgen für den Zeugniswert und den ästhetischen Wert hat und daraufhin reflektiert und diskutiert werden muss.

1.1 Zur Ethik von Restaurierung und Konservierung – ein Blick zurück

Die fachliche und ethische Herausforderung im Umgang mit überlieferten Kunstwerken war schon in der Renaissance erkannt worden, wie die zeitgenössische Diskussion um die Ergänzung der antiken Laokoongruppe zeigte, die 1506 in teilzerstörtem Zustand aufgefunden worden war. Was ist kongeniale Ergänzung? Was ist anmaßende Neuinterpretation? Als verlorene Teile der Gruppe 1905 entdeckt worden waren, zeigte sich, dass die Mutmaßungen des 16. Jahrhunderts zur Vervollständigung ziemlich falsch gelegen hatten [2].

Abb. 1   Die Anlage von Kloster und Schloss Salem aus der Luft. Auf dem Bild von 2012 ist die Gerüststellung in Sternenhof und Tafelobstgarten zu erkennen.

Um die Mitte des 19. Jahrhunderts entbrannte der Streit um den richtigen Umgang mit dem Kulturdenkmal in seiner Funktion als historisches Zeugnis und als Objekt von ästhetischem Wert. Diese Diskussion ist für die Geschichte der Denkmalpflege und ihre Standortbestimmung ganz wesentlich. Verfechter einer bloßen Sicherung der originalen Substanz war beispielsweise der britische Kunsthistoriker John Ruskin (1819–1900): *„Der Wert eines historischen Monumentes ist untrennbar mit seiner originalen Materie verbunden, vom Künstler gestaltet und durch die Zeit geprägt. Nur hier, in der historischen wie der ästhetischen Authentizität des künstlerischen Ausdrucks, steckt der wahre Wert, den es zu erhalten gilt.“* [3] Den entgegengesetzten Standpunkt einer rekonstruierenden Wiederherstellung vertrat der französische Architekt und Bauforscher Eugène Viollet-le-Duc (1817–1879), der es für legitim und fachlich richtig hielt, die Einheit eines beschädigten Kulturdenkmals anhand von typologischen Stilmerkmalen auf dem Wege des Analogieschlusses wiederherzustellen [4]. In Deutschland trafen die verschiedenen Lager in der Debatte um das Heidelberger Schloss aufeinander. Der Kunsthistoriker Georg Dehio, Vertreter einer rein konservierenden Denkmalpflege, wandte 1901 in seiner berühmten Streitschrift gegen den Wiederaufbau des Heidelberger Schlosses den Begriff des „Vandalisme Restaurateur“ auf Baurat Carl Schäfer an, der für die rekonstruierenden Maßnahmen am Friedrichsbau (1897–1900) verantwortlich gewesen war [5]. Dehio hatte mit diesem Begriff explizit den italienischen Architekturtheoretiker Camillo Boito (1836–1914) zitiert. Boito hatte schon 1883 in seiner „Carta del restauro“ erstaunlich moderne Grundsätze formuliert und sie auf dialektische Weise mit Ruskins Aufforderung zur bloßen Konservierung verknüpft. Er forderte, die historischen Phasen des Bauwerks zu respektieren, Original und Ergänzung – auch im Material – zu unterscheiden, alle Ergänzungen zu kennzeichnen und zu datieren, alle Maßnahmen zu beschreiben und zu dokumentieren und entfernte Teile aufzubewahren [6]. Es war der italienische Kunsthistoriker Cesare Brandi, von 1938 bis 1961 Leiter des Instituto Centrale del Restauro in Rom, der in seiner wissenschaftlich-philosophischen „Theorie der Restaurierung“ die Herausforderung an die Denkmalpflege auf den Punkt brachte: *„Die Restaurierung muss sich die Wiederherstellung der potenziellen Einheit eines Kunstwerks zum Ziel setzen, unter der Voraussetzung, dass dies möglich ist, ohne eine historische oder künstlerische Fälschung zu begehen und ohne die Spuren der Zeit auf dem Kunstwerk zu löschen.“* [7].

1.2 Die Leitlinien der Denkmalpflege

Die Diskussion um den richtigen Denkmalumgang und der Wunsch der Denkmalpflege nach verbindlichen Leitlinien mündeten schließlich in der „Charta von Venedig“ von 1964. Sie fasste die Entwicklung der Denkmalpflege im vorangegangenen Jahrhundert in wenigen Grundsätzen zusammen und verknüpfte diese mit einem erweiterten Denkmalbegriff. Kulturdenkmale sind materielle Zeugnisse des kulturellen Erbes. Aus dem dokumentarischen und exemplarischen Wert des Kulturdenkmals ergeben sich klare, unmissverständliche Regeln: Konservierung und Restaurierung bedienen sich aller Wissenschaften und Techniken, die zur Erforschung und Erhaltung des kulturellen Erbes beitragen können. Vorrang genießen Konservierung und dauerhafte Pflege. Stilreinheit ist kein Restaurierungsziel. Das Denkmal befindet sich im Spannungsfeld zwischen ästhetischen und historischen Werten. Restaurierung findet dort ihre Grenze, wo die Hypothese beginnt. Wenn aus ästhetischen oder technischen Gründen Ergänzungen notwendig sind, müssen sie sich von der bestehenden Komposition abheben und den Stempel unserer Zeit tragen. Es besteht die Pflicht zur Dokumentation [8].

In den letzten Jahren bestand offensichtlich die Notwendigkeit, sich diese Prinzipien wieder bewusst zu machen und im wahrsten Sinne des Wortes zu vergegenwärtigen. Als beispielhaft und grundlegend sind hier vor allem die „Leitsätze zur Denkmalpflege in der Schweiz“ von 2006 zu nennen aber auch das „Leitbild Denkmalpflege“ der Vereinigung der Landesdenkmalpfleger der Bundesrepublik Deutschland von 2011 (Neuauflage 2016) und die „Standards der Baudenkmalpflege“ des österreichischen Bundesdenkmalamts von 2014 [9].

2 Denkmalpflege in Salem

Denkmalpflege im Sinne von Wartung und Bauunterhalt, Umnutzung und Instandsetzung findet in Kloster und Schloss Salem seit Jahrhunderten statt. Die Markgräflich Badische Verwaltung ging mit dem bedeutenden Bestand besonnen um. Viele notwendige Investitionen unterblieben jedoch aus wirtschaftlichen Gründen – nicht zuletzt aufgrund der schieren Masse der Flächen und Raumvolumina. Seit den 1990er Jahren lagen denkmalpflegerische Instandsetzungsprogramme gestaffelt nach Dringlichkeit vor, die aber nur in ersten Abschnitten realisiert wurden. Seit 2009 setzt das Amt für Vermögen und Bau kontinuierlich und in einzelnen Bauabschnitten das so genannte Sofortprogramm in enger Abstimmung mit der

Abb. 2 Die Außenfassade des ehemaligen Abteigebäudes nach Süden mit rekonstruierter Gelbfassung nach Vorbild der Gestaltungsphase von 1789

Abb. 3 Im Novizengarten treffen die rekonstruierte Barockfassade in Grau und die klassizistische Fassade in Gelb aufeinander. Links der Sakristeiflügel

Abb. 4 In den Innenhöfen waren die historischen Schichten der Fassaden noch überliefert, hier die Westfassade des sogenannten Sakristeiflügels im Tafelobstgarten, 2009.

Denkmalpflege um. Jeder Abschnitt war mit spezifischen und doch im Prinzip vergleichbaren Herausforderungen verbunden.

2.1 Die Fassaden der Abteibauten

Die Anlage von Schloss und Kloster Salem wird dominiert vom hochgotischen Münster und dem daran anschließenden prächtigen Abteigebäude mit seinem barocken Repräsentationsanspruch. Der schlossähnliche Bau wurde bis 1705 nach Plänen des Vorarlberger Baumeisters Franz Beer neu errichtet, nachdem ein verheerender Klosterbrand 1697 alle Klosterbauten bis auf das Münster und wenige Wirtschaftsgebäude zerstört hatte. Unter Einbeziehung des Münsterbaus verband Beer zwei gleiche Vierflügelanlagen – die Prälatur im Osten und den Konventbau im Westen - mit einem Mitteltrakt in der Flucht der Südflügel, in dem die gemeinschaftlich genutzten Säle Sommerrefektorium und Winterrefektorium liegen. Auf diese Weise entstanden breit gelagerte Schaufronten mit imposanter Fernwirkung und eine nach unterschiedlichen Funktionen gegliederte Anlage mit zwei geschlossenen Innenhöfen – im Westen Konventgarten, heute Tafelobstgarten, im Osten Prälatenhof, heute Sternenhof – und einem nach Norden, zum Münsterchor offenen Innenhof, dem Novizengarten. Die repräsentative Wirkung der Architektur wird durch illusionistische, gemalte Fensterrahmungen mit wechselnden Fensterbekrönungen gesteigert.

Wie in einem Lehrstück können wir heute bei einem Vergleich der Außenfassaden mit den Innenhoffassaden konkret nachvollziehen, was Brandi und die Autoren der Charta von Venedig damit meinten, dass ein Kulturdenkmal im „Spannungsfeld zwischen ästhetischen und historischen Werten" stehe: Die prächtigen Außenfassaden wurden 1986–1992 durchgreifend erneuert. Sie haben alle historischen Schichten verloren. Trotz der damaligen Bedenken der Denkmalpflege wegen der unwiederbringlichen Verluste waren die massiv geschädigten Putzflächen mit ihrer überlieferten Architekturmalerei zugunsten eines „schönen" Erscheinungsbildes abgeschlagen worden. In Anlehnung an den zuletzt sichtbaren Bestand zeigen die Außenfassaden heute die in Mineraltechnik schablonenartig rekonstruierte, klassizistische Gelbfassung (Abb. 2). Die in Grautönen gehaltene Fassung der Erbauungszeit wurde für die Fassaden des dreiseitig geschlossenen Novizengartens aufgegriffen, was an der Nordwestecke der Prälatur zu einem heute befremdlich anmutenden Aufeinandertreffen von barocker und klassizistischer Fensterrahmung führt (Abb. 3). Die Außenfassaden mit ihrer materialbedingt sehr kräftigen, kaum verwitternden Farbfassung erstrahlen nun seit 25 Jahren in dem sprichwörtlichen „neuen Glanz", haben aber keinen Informationsgehalt mehr zu ihrem historischen Bestand.

Die Fassaden der Innenhöfe dagegen haben alle Informationen zu Material- und Maltechnik und ihrer Alterungsgeschichte bewahrt [10] (Abb. 4). Nirgendwo sonst – zumindest in Baden-Württemberg – ist ein derart umfangreicher Putzbestand mit Malerei aus der Zeit des 18. Jahrhunderts im Außenbereich überliefert. Die erste Fensterummalung in Grisailletönen mit wechselnden Bekrönungen aus Dreiecks- und Segmentbögen wurde 1705 freskal aufgebracht, das heißt in den frischen Putz gemalt. Ab 1789 erfolgte eine „Modernisierung" im Stil des Frühklassizismus. Dazu deckte man die ältere Architekturmalerei mit einer Kalkschlämme ab und bemalte sie mit neuen Fensterumrahmungen in Gelbtönen mit variierenden Bekrönungen und Schleifengirlanden.

Alle Innenhoffassaden zeigten extrem starke Abschalungen der Putze und Schichtenspaltungen der beiden Fassungen untereinander, wobei der Zustand der einzelnen Fassaden je nach Bewitterung, Bewuchs und Sonnenexposition variierte (Abb. 5).

Abb. 5 Ein typisches Schadensbild, hier an einem Fenster im Tafelobstgarten: Unter der gelben Fassung von 1789 ist die bauzeitliche Freskomalerei erhalten. Die ehemals überfasste Fensterleibung in Naturstein liegt frei.

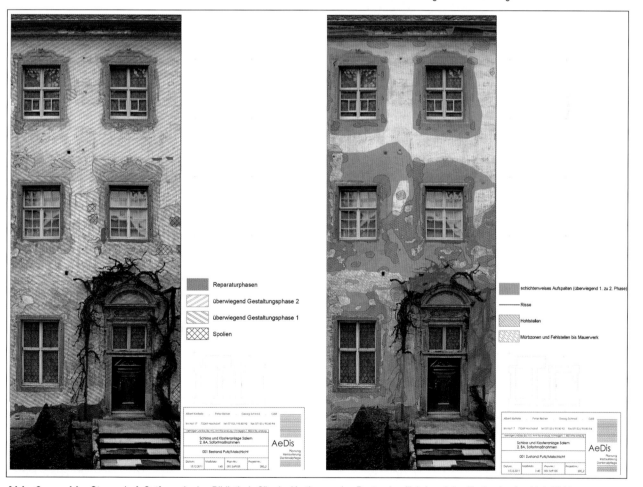

Abb. 6 a und b Sternenhof, Ostfassade des Bibliotheksflügels, Kartierung des Bestandes (links) und des Zustandes (rechts), 2011

89

Abb. 7 Die Fassade des Nordflügels der Prälatur im Sternenhof
nach Abschluss der Maßnahmen 2012

Abb. 8 Die Fassade des Westflügels des Konventbaus im Tafelobstgarten nach Abschluss der Maßnahme 2012

Abb. 9 Gesamtansicht des Kaisersaals nach Abschluss der
Restaurierungsmaßnahme 2012

Unter der schützenden Traufe war die gelbe, klassizistische Fassung besser erhalten geblieben als in den weiter unten liegenden, stärker bewitterten Bereichen (Abb. 6 a und b).

Aus denkmalpflegerischer Sicht ließ der hohe dokumentarische Wert dieses mit allen Alterungserscheinungen überlieferten Originalbestandes kein anderes Konzept zu, als ihn rein konservierend zu sichern und geschädigte Putzflächen „neutral" mit Material zu schließen, das unter Verwendung regionaler, farbig abgestimmter Natursande dem bauzeitlichen Putz entspricht. Eine rekonstruierende Ergänzung der Architekturmalerei zur Wiederherstellung eines verlorenen Erscheinungsbilds kam aus denkmalfachlicher Sicht nicht in Frage.

Es ist gelungen, auf der Basis umfassender Voruntersuchungen und großflächiger Musterachsen ein Maßnahmenkonzept zu entwickeln und auszuführen, dass sämtliche Spuren der Geschichte von der Entstehung der Putze, den maltechnischen Ausführungen mit den Vorritzungen, den künstlerischen Handschriften bis hin zu den unterschiedlichen Alterungsspuren ablesbar lässt. Bei der Instandsetzung der Natursteingliederung, der hofseitigen Dachflächen und der zahlreichen Fenster wurde entsprechend vorgegangen (Abb. 7).

Bei einer durchgehend hohen Restaurierungsqualität und einem insgesamt ruhigen Erscheinungsbild zeigen die Fassaden von Tafelobstgarten und Sternenhof heute immer noch ihre unterschiedlichen Erhaltungszustände. Für den Betrachter sind der überlieferte Bestand und die daneben stehenden neutralen Ergänzungen deutlich zu unterscheiden – was die besondere ästhetische Erfahrung einer gleichzeitigen Wahrnehmung von künstlerischer Qualität und historischem Zeugniswert mit sich bringt (Abb. 8).

2.2 Der Kaisersaal

Der Kaisersaal mit grandiosen figürlichen Stuckierungen sowie sieben Gemälden an Decke und Wänden liegt im zweiten Obergeschoss des Mittelpavillons des Ostflügels der Prälatur und bildet ein Herzstück der Anlage (Abb. 9). Seit 2006 war er für die Öffentlichkeit gesperrt, weil ein auffälliges Rissbild an der Stuckdecke auf eine akute Gefährdung und mögliche Abstürze von Stuckteilen schließen ließ [11]. Wie alle barocken Deckenkonstruktionen ist seine Stuckdecke unmittelbar mit den Deckenbalken verbunden. Das Landesamt für Denkmalpflege hatte nach der Schadenserfassung der Dach- und Deckenkonstruktion 2006 die Raumschale des Kaisersaals photogrammetrisch in Bildplänen aufgenommen. Zusätzlich erstellte Peter Volkmer 2010 einen Bildplan der kompletten bauzeit-

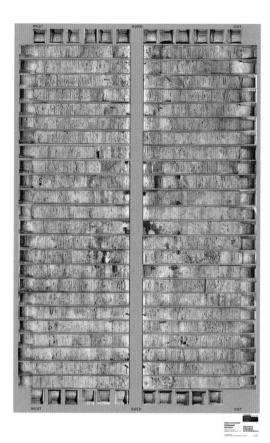

Abb. 11 Kittung der geschädigten Bockshaut in einem Balkenfeld, 2011

lichen Bockshaut (Abb. 10 und 11). Das Schadensbild der Decke konnte zu den Schäden im Dachbereich in Bezug gesetzt und in einem Übersichtsplan grafisch dargestellt werden. Die einzelnen Arbeitsschritte von Zimmer- und Restaurierungsarbeiten waren nun eng aufeinander abzustimmen (Abb. 12 und 13).

Die ganzheitliche Bestandsaufnahme erfasste nicht nur die Schadensphänomene, sondern gleichzeitig die künstlerische oder handwerkliche Qualität und Veränderungsgeschichte jedes Bau- oder Ausstattungsteils [12]. An der Raumschale waren

Abb. 10 Bildplan der Bockshaut, d. h. der Putzflächen im Dach, die als Verklammerung der Stuckdecke mit der Deckenkonstruktion dienen. Gesamtplan aus 312 Einzelaufnahmen

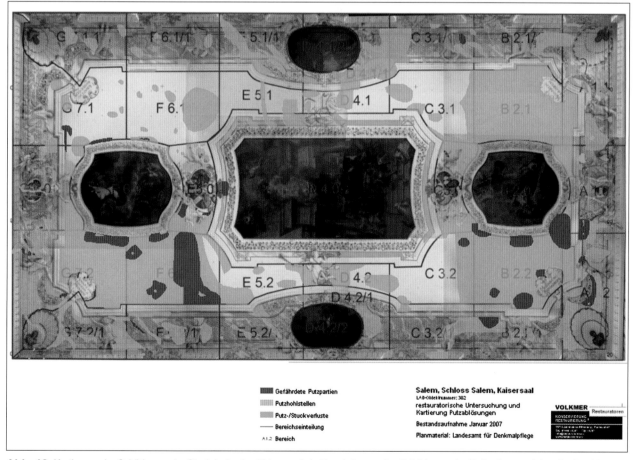

Gefährdete Putzpartien
Putzhohlstellen
Putz-/Stuckverluste
Bereichseinteilung
A 1.2 Bereich

Salem, Schloss Salem, Kaisersaal
LAD-Objektnummer: 382
restauratorische Untersuchung und
Kartierung Putzablösungen
Bestandsaufnahme Januar 2007
Planmaterial: Landesamt für Denkmalpflege

VOLKMER Restauratoren
KONSERVIERUNG
RESTAURIERUNG

Abb. 12 Kartierung der Schäden an der Stuckdecke des Kaisersaals in Korrelation zu den Schäden an der Balkenlage und dem Dachstuhl

Abb. 13 Die Absprießung der Stuckdecke zur Sicherung erfolgte in Korrelation zu dem Fortgang der Arbeiten an der Dachkonstruktion, 2010

Abb. 14 Die Decke in ähnlicher Blickrichtung wie Abb. 13 nach Sicherung, Reinigung und Anbringung von leichten Retuschen zur optischen Vereinheitlichung

unterschiedliche Zustände zu erkennen: eine erste Fassung der Stuckierung ab 1722/23 mit Randvergoldungen und Metallauflagen, eine partielle Überarbeitung und Neufassung ab 1769, eine Erneuerung der Inschriftentafeln und eine Überarbeitung der glatten Putzflächen an der Decke im 19. Jahrhundert sowie zahlreiche, störend hervortretende Risskittungen im gesamten Deckenbereich und in den Hohlkehlen, die nach einem Erdbeben 1911 ausgeführt worden waren. Parallel zu den Voruntersuchungen an der Decke erfolgte eine restauratorische Bestandsaufnahme der bedeutenden Ausstattung: der Stuckarbeiten Franz Josef Feuchtmayers, der qualitätvollen Deckengemälde Jacob Carl Stauders, der versilberten Armleuchter, der Fenster und Okuli sowie des Steinbodens.

Das in allen Gewerken grundsätzlich übereinstimmende Restaurierungskonzept wurde vor Ausführung an ausgewählten Musterachsen erprobt. Die gesicherten Putzflächen, Stuckierungen, Malschichten und Fassungen konnten nach Reinigung und Niederlegung aufstehender Farbschichten in einer auf das Mindestmaß reduzierten Vorgehensweise optisch angeglichen werden (Abb. 14). Für den Betrachter bleiben frühere Reparaturen, Nutzungs- und Verwitterungsspuren, material-technische Schwächen und Materialveränderungen der letzten dreihundert Jahre ablesbar.

2.3 Der Marstall

Im Marstallgebäude von 1734 stellten sich ganz andere Herausforderungen. Der Marstall ist während der Regierungszeit des Abtes Constantin (1725–1745) entstanden – prächtig ausgestattet mit

Abb. 15a Marstall, 1734 erbaut, Südfassade

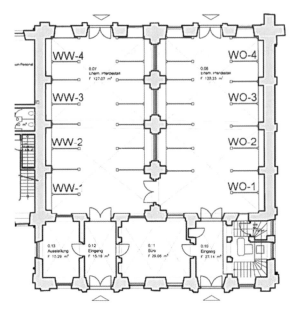

Abb. 15b Schematischer Grundriss des Marstalls mit Bezeichnung der restaurierten Wandfelder

Abb. 16 Wandfeld WO 3 im gereinigten und gesicherten Zwischen-
zustand

Abb. 17 Wandfeld WO 3 nach neutraler Ergänzung der Putzfelder
je nach Zeitphase und Ausführung einer Strichretusche der
Fehlstellen in der Malschichtebene zur optischen Zusam-
menführung des Gesamtbildes

Malereien, geschnitzten Pferdeboxen und Skulpturen (Abb. 15 a und b).

Die acht Wandmalereien mit Reiterszenen in
den Nischen der Pferdeboxen stammen von Johann
Georg Brueder (1735), der sich von Stichen Georg
Philipp Rugendas inspirieren ließ. Der Erhaltungszustand der freskal ausgeführten Reiterdarstellun-
gen, teils frei liegend, teils verdeckt von jüngeren
Überfassungen, war laut Untersuchungsbericht 2013
katastrophal (Abb. 16) [13]. Die Schäden hatten sich
durch extreme Salzbelastung, Mauerwerksbewe-
gungen, unsachgemäße Überarbeitungen und prob-
lematische Ergänzungsmaterialien wie Zement und
Gips summiert. Ein Musterfeld mit allen anstehenden
Problemstellungen von der strukturellen Festigung
der Mörtel bis hin zur Freilegung und Retusche der
Malereien diente als Grundlage für das Maßnahmenkonzept, das ein Team von zehn Restauratoren
schließlich mit einem herausragenden Ergebnis bis
2015 umsetzte. Der Betrachter erkennt am Objekt,
dass nach Entfernung des schädlichen, absperren-
den Membranitüberzugs eine differenzierte Vorgehensweise erfolgte: Großflächige Fehlstellen im Putz
wurden unter Verwendung farbig passender Sande

Abb. 18 Wandfeld WO 3, Detail mit Strichretusche

neutral ergänzt. Die Ergänzungen liegen in der Ebene
der jeweiligen Putzphase. Mit feinteiligen Strichretu-
schen werden die Fehlstellen in der Malschichtebene
optisch in den Bestand integriert, was die Lesbarkeit
und die Wahrnehmung des Wandgemäldes als Einheit ermöglicht (Abb. 17 und 18) [14].

Josef Anton Feuchtmayer schuf für den Marstall
1735 acht beinahe lebensgroße Holzfiguren, die auf

Abb. 19 Zwei der acht steinfarben gefassten Holzfiguren von J.A. Feuchtmayer an altem Standort, 2012

Abb. 20 Die Feuchtmayerfiguren stehen seit 2014 im Klostermuseum, dahinter an der Stirnwand des Raumes der berühmte Strigel-Altar

den breiten Kapitellen der Wandpfeiler unter den Gewölbesegeln aufgestellt wurden (Abb. 19). Die Figuren mit ihrer für Feuchtmayer charakteristischen expressiven, gewundenen Bewegtheit sind auf Untersicht gearbeitet und waren ursprünglich steingrau gefasst – sie waren also eindeutig auf das architektonische Umfeld bezogen. Vermutlich handelt es sich um Darstellungen so genannter „Guter Helden" aus antiker und christlicher Mythologie, deren Funktion für das Bildprogramm des Marstalls noch zu klären ist. Nach Kauf durch das Badische Landesmuseum und Restaurierung werden die zu einer Gruppe arrangierten Figuren seit 2014 im neuen Klostermuseum präsentiert (Abb. 20). Die Translozierung der Figuren stellt im Grundsatz einen Widerspruch zur denkmalpflegerischen Leitlinie dar, denn gemäß Art. 8 der Charta von Venedig dürfen *„Werke der Bildhauerei, der Malerei oder der dekorativen Ausstattung, die integraler Bestandteil eines Denkmals sind, (...) nicht von ihm getrennt werden; es sei denn, diese Maßnahme ist die einzige Möglichkeit, deren Erhaltung zu sichern"*. Die Figuren zeigten vorwiegend mechanische Schäden – aufgrund ihres Absturzes im Zuge des Erdbebens von 1911 und unsachgemäßer Reparaturen – aber keine Schäden, die auf klimatische Belastungen zurückzuführen gewesen wären. Wegen der kontinuierlichen Überwachung des Raumklimas im Marstall seit 2013 liegen sogar die Kenntnisse vor, um alle Figuren langsam an die dortigen Klimabedingungen wieder heranzuführen. Dennoch wurde anders entschieden. Dem Marstall geht dadurch ein wesentliches gestalterisches und inhaltliches Element verloren, den Figuren fehlt der eigentliche Rahmen zu deren Verständnis. Die Aufstellung eines 3-D-Prints einer der Figuren auf einem der leeren Kapitelle macht den Verlust sogar noch spürbarer. Die Replik mag ein originalgetreues Abbild sein, doch ihr fehlt die für Denkmalobjekte ganz wesentliche Werk-,

Form- und Materialerechtigkeit und die *„Aura des Originals"* (Walter Benjamin 1936). Mit dieser Figur wird deutlich, welche Folgen die heutigen technologischen Möglichkeiten für den Umgang mit dem materiellen kulturellen Erbe mit sich bringen können.

2.4 Die Münsterfassaden

Die aktuellen Maßnahmen an den Natursteinfassaden des Münsters stellen einen gewissen Sonderfall dar, denn sie können auf die Ergebnisse einer bemerkenswerten Erfolgsgeschichte aufbauen.

Das Salemer Münster, eine dreischiffige Basilika mit Querhaus, Chor und Chorumgang wurde zwischen 1299 und 1311 aus dem regional anstehenden Molasse-Sandstein in bläulichen, gelblichen und bräunlichen Varietäten erbaut. Ein gleichförmiger Rhythmus von Wandpfeilern und hohen, mehrbahnigen Maßwerkfenstern bestimmt die Natursteinfassaden, deren große Wandflächen eine gleichmäßige Quaderung aufweisen (Abb. 21). Diese ruhige Gesamthaltung der Flächen wird kontrastiert von der baukünstlerischen Durchbildung der Details an den Maßwerkfernstern und dem freistehenden Maßwerk der Giebel (Harfengiebel, Wimperge), und der feinen Ausbildung der Gewölberippen innen [15]. Bei umfassenden Reparaturmaßnahmen am Ende des 19. Jahrhunderts an den Sockel- und Giebelbereichen kamen Rorschacher und St. Margarethener Sandstein zum Einsatz. Der Molassesandstein zeigt aufgrund seiner Porosität und seiner hohen Wasseraufnahmefähigkeit charakteristische Schadensbilder wie Absanden, einfache Schalenbildung bis hin zur mehrfach übereinander liegenden Schalen („Blätterteig"), Abschuppen und Abschiefern sowie Rissbildungen (Abb. 22). 1974 kamen Gutachter zu dem Ergebnis, dass für die Fassaden als dauerhafte Lösung nur die Auswechslung aller mürben Werkstücke gegen witterungsbeständiges Material

Abb. 21 Das Münster und die Prälatur von Norden, 2012

Abb. 22 Typisches Schadensbild des Molassesandsteins an den Obergadenfenster der Nordfassade des Münsters, rechts das Fugenbild mit Überarbeitungen des späten 19. Jahrhunderts

anzuraten sei! Das Landesdenkmalamt folgte dieser Empfehlung nicht, sondern entwickelte gemeinsam mit Fachleuten unterschiedlicher Disziplinen in der Verbindung von photogrammetrischen und naturwissenschaftlich-technischen Messmethoden neue Verfahren zur Bestandsaufnahme und Konzeptentwicklung – unter anderem im Rahmen eines von 1988 bis 1995 laufenden französisch-deutschen Forschungsprogramm für die Erhaltung von Baudenkmalen.

Was heute Standard bei der Erfassung von Schäden an Kulturdenkmalen ist (bzw. sein sollte!) wurde damals für das Münster Salem eigens neu entwickelt: eine Kartierung auf der Basis der werksteingenauen Photogrammetrie, die Festlegung einer ausreichend differenzierten, aber praktikablen Legende für die Kartierung der Schäden und für die Kartierung der Maßnahmen mit Werksteinbezug, womit sowohl Flächen- als auch Volumenberechnung und stückweise Berechnung für die Leistungsverzeichnisse möglich waren [16]. Die 1997 auf dieser Basis ermittelten Kosten von mehreren Millionen DM für eine vollständige Instandsetzung waren nicht zu finanzieren. Also verständigte man sich darauf, nur das absolut Notwendige zu tun: gefährdete Schalen abzunehmen, die verbleibenden Steinflächen zu festigen und mit Anböschungen zu sichern. Die Überarbeitung der Fugen, die Reinigung der Flächen und die Reprofilierung mit Steinersatzmassen beschränkte man auf ein Mindestmaß, wobei der ungehinderte Ablauf des Niederschlagswassers unbedingt und überall sicherzustellen war (Abb. 23). In den jetzt noch verbleibenden Bereichen wurden vorhandene Schalen und Risse verfüllt. Abschließend festigte man alle überarbeiteten Flächen vollflächig mit KSE. In nur ganz wenigen Fällen mussten Steine tatsächlich ausgetauscht werden [17]. Die Erkenntnisse aus dem Forschungsprojekt und aus den Maßnahmen wurden 2003 im Arbeitsheft 11 des damaligen Landesdenkmalamtes

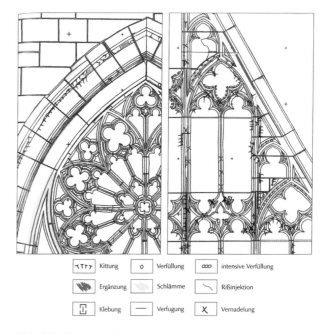

Abb. 23 Kartierung der steinrestauratorischen Maßnahmen an der nördlichen Querhausfassade 2001

vorgestellt und fanden in der Fachwelt große Beachtung – die Lektüre ist nach wie vor zu empfehlen [18].

Im Jahre 2009 hatten im Vorfeld der anstehenden Maßnahmen 2015–2017 Nachkontrollen aller bis 2001 bearbeiteten Fassaden stattgefunden. Die Westfassade konnte 2016 nach Gerüststellung nochmals genau überprüft werden. Das die Fachleute überraschende, überaus erfreuliche Ergebnis aller Nachkontrollen: die so genannten Notsicherungen haben Bestand, das Fortschreiten der Schäden konnte aufgehalten werden [19] [20] (Abb. 24). Das Erscheinungsbild der über 700 Jahre alten Natursteinfassaden mit den Spuren ihrer künstlerischen und handwerklichen Bearbeitung, ihrer Alterung und der jüngeren Reparaturen blieb bis heute erhalten und ist sowohl bauhistorisch wie auch in ästhetischer Hinsicht beeindruckend (Abb. 25).

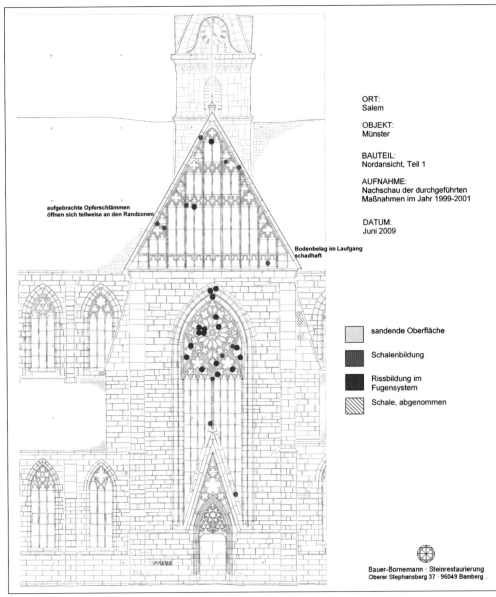

ORT:
Salem

OBJEKT:
Münster

BAUTEIL:
Nordansicht, Teil 1

AUFNAHME:
Nachschau der durchgeführten
Maßnahmen im Jahr 1999-2001

DATUM:
Juni 2009

aufgebrachte Opferschlämmen
öffnen sich teilweise an den Randzonen

Bodenbelag im Laufgang
schadhaft

■ sandende Oberfläche

■ Schalenbildung

■ Rissbildung im
Fugensystem

▨ Schale, abgenommen

Bauer-Bornemann · Steinrestaurierung
Oberer Stephansberg 37 · 96049 Bamberg

Abb. 24
Kartierung des Zustands
der Fassade des nördlichen
Querhauses als Ergebnis
der Nachkontrolle 2009

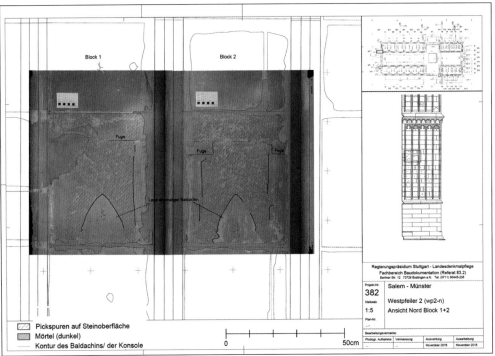

▨ Pickspuren auf Steinoberfläche
▨ Mörtel (dunkel)
— Kontur des Baldachins/ der Konsole

0   50cm

Abb. 25
Photogrammetrische Auf-
nahme und bauhistorische
Bestandserfassung der
Befunde zu abgearbeiteten
Baldachinen am Nordpfeiler
der Westfassade 2016

3 Bilanz und Ausblick

Die Landesdenkmalpflege ist mit ihren Fachbereichen Restaurierung, Bauforschung und Photogrammetrie seit Jahrzehnten an der Grundlagenermittlung, Konzeptfindung und Ausführung notwendiger Instandsetzungsmaßnahmen in Salem beteiligt. Bei der Umsetzung der Sofortprogramme seit 2009 konnte das Landesamt für Denkmalpflege in intensiver Zusammenarbeit mit dem Amt für Vermögen und Bau Ravensburg, den bauleitenden Architekten, den Restauratoren der Staatlichen Schlösser und Gärten sowie einer großen Zahl externer Wissenschaftler, qualifizierter Fachfirmen und freiberuflicher Restauratoren denkmalpflegerische Zielsetzungen erfolgreich einbringen und umsetzen. Im Rückblick lässt sich die Leitlinie unseres gemeinsamen Handelns folgendermaßen zusammenfassen:

Der Erhalt und die fachgerechte Reparatur der überlieferten denkmalwerten Substanz hat immer Vorrang vor einer Erneuerung oder Wiederherstellung eines früheren Erscheinungsbildes. Jede Maßnahme am Kulturdenkmal ist als ein Eingriff in den Bestand zu verstehen, der Folgen für den Zeugniswert und für den Substanzerhalt haben kann. Jedem Eingriff in die historische Substanz muss daher eine Bestandsanalyse vorangehen, die die wesentlichen materiellen Denkmalbestandteile in ihrem Zustand erfasst und nach ihrem Beitrag zur Denkmalbedeutung bewertet und dokumentiert. Ein interdisziplinäres Partnerteam ist je nach Problemstellung an der Bestandserfassung und der Entwicklung des denkmalgerechten Maßnahmenkonzepts zu beteiligen. Das jeweilige Maßnahmenkonzept wird an Musterachsen erprobt und steht vor Beginn der Arbeiten im Grundsatz verbindlich fest. Es wird im Prozess der Ausführung kontinuierlich überprüft und gegebenenfalls an neue Erkenntnisse und Befunde angepasst. Ergänzungen, die zur Sicherung und Ertüchtigung der Bausubstanz oder zur Lesbarkeit der historischen Aussage erforderlich sind, müssen nach der Ausführung vom Bestand zu unterscheiden sein. Alle Maßnahmen werden in Bild, Text und mit Kartierungen so dokumentiert, dass der Zustand vor, während und nach den Instandsetzungsmaßnahmen nachvollziehbar bleibt. Um für die Zukunft möglichst viele Optionen offen zu halten, ist der Grundsatz der Nachhaltigkeit hinsichtlich Materialwahl und Bearbeitungstechnik zu beachten.

Das Ziel, die denkmalrelevante, schützenswerte Substanz mit den unverkennbaren Merkmalen historischer handwerklicher oder künstlerischer Fertigung einschließlich der Altersspuren zu erhalten, wurde erreicht. Diese Informationen machen sowohl das Münster, die Innenhoffassaden, den Kaisersaal oder den Marstall zum aussagekräftigen Dokument, das in seiner Vielschichtigkeit und in seinen künstlerisch-ästhetischen Komponenten auch noch von kommenden Generationen neu erkannt und interpretiert werden kann.

Der unbedingte Vorrang des Substanzerhalts und die Beschränkung aller Eingriffe auf das Notwendigste werden auch weiterhin die Leitlinie denkmalpflegerischen Handelns definieren, sei es bei der Restaurierung der verbleibenden Fassaden des Münsters oder seiner bemerkenswerten Raumschale und Ausstattung, sei es bei der Instandsetzung der mittelalterlichen Klostermauer oder bei der kommenden Umnutzung weiter Teile des Konventbaus für die Internatsnutzung.

Literatur

[1] Ulrich Knapp, Salem: Die Gebäude der ehemaligen Zisterzienserabtei und ihre Ausstattung (Forschungen und Berichte der Bau- und Kunstdenkmalpflege in Baden-Württemberg, Bd. 11), Stuttgart 2004, 2 Bde.

[2] vgl. Dörthe Jakobs, Restaurierung und Zeitgeschmack, Über den Umgang mit fragmentarisch erhaltener Wandmalerei, in: Der Berliner Totentanz: Geschichte – Restaurierung – Öffentlichkeit, hrsg. von Maria Deiters, Jan Raue, Claudia Rückert, Berlin 2014, S. 216 ff.

[3] John Ruskin, The Seven Lamps of Architecture. London 1849; Ders. The Stones of Venice. London 1851–1853, Beide Werke sind danach in zahlreichen Auflagen und Übersetzungen erschienen. Zitiert in [2]

[4] vgl. Eugène Viollet-le-Duc, Definitionen. Sieben Stichworte aus dem Dictionnaire raisonné de l'architecture mit einem deutsch-französischen Inhaltsverzeichnis der neunbändigen Ausgabe des „Dictionnaire" von 1869. Birkhäuser Architektur Bibliothek, Basel u. a. 1993

[5] Georg Dehio, Was wird aus dem Heidelberger Schloss werden, in: Kunsthistorische Aufsätze. München / Berlin 1914, S. 247–259.
vgl. dazu auch: Traum & Wirklichkeit. Vergangenheit und Zukunft der Heidelberger Schlossruine, Begleitbuch zur Ausstellung im Heidelberger Schloss, Ottheinrichsbau vom 16.04. -17.07.2005, hrsg. vom Landesamt für Denkmalpflege Baden-Württemberg, 2005; siehe auch: Deutsche Stiftung Denkmalschutz, DenkmalDebatten, http://denkmaldebatten.de/protagonisten/georg-dehio/georg-dehio-wirken, abgerufen am 4.1.2017

[6] vgl. Dörthe Jakobs, Die „Carta del restauro 1987". In: Zeitschrift für Kunsttechnologie und Konservierung 4, Heft 1 (1990), S. 1–30; und Nike-Bulletin 4.2014, Selbst ein Denkmal, 50 Jahre Charta von Venedig, Download unter http://www.nike-kultur.ch/fileadmin/user_upload/Bulletin/2014/4_2014/4_14_Schwerpunkt_1.pdf, S. 5 ff, abgerufen am 4.1.2017

[7] Cesare Brandi, Theorie der Restaurierung, hg., aus dem Italienischen übersetzt und kommentiert von Ursula Schädler-Saub und Dörthe Jakobs (ICOMOS Hefte des deutschen Nationalkomitees XLI), München 2007

[8] Charta von Venedig 1964, abgedruckt in: Monumenta I, Internationale Grundsätze und Richtlinien der Denkmalpflege, hrsg. von ICOMOS Deutschland. ICOMOS Luxemburg, ICOMOS Österreich, ICOMOS Schweiz, Stuttgart 2012, S. 47-51, als Download unter: http://www.icomos.ch/fileadmin/downloads/organisation/publications/Monumenta_I.pdf, abgerufen am 4.1.2017

[9] Download Leitlinien der Denkmalpflege in der Schweiz: http://www.zentrum-neubau.ch/downloads/grundsaetze-ekd-01_deutsch.pdf; Download Standards der Baudenkmalpflege, BDA Österreich: http://www.bda.at/documents/663023798.pdf

[10] Dörthe Jakobs, Martina Goerlich, Und das bleibt jetzt so? Zur Konservierung der Innenhoffassaden von Schloss Salem, in: Denkmalpflege in Baden-Württemberg, Nachrichtenblatt der Landesdenkmalpflege, 3.2012, S. 138–144

[11] Dörthe Jakobs, Martina Goerlich, Des Kaisers alte Kleider, Die Restaurierung des Kaisersaals im Schloss Salem, Denkmalpflege in Baden-Württemberg, Nachrichtenblatt der Landesdenkmalpflege, 3.2012, S. 145–151

[12] Peter Volkmer, Tanja Eberhard, Schloss Salem, Kaisersaal, Zusammenfassung der Untersuchungen (mit Nachtrag zu den Armleuchtern), Bericht Januar 2010

[13] Nicole Kaiser, Karl Petzold, Georg Schmid, Kloster- und Schlossanlage Salem – 040 Marstall, Wandmalereien von Johann Georg Brueder, Untersuchung / Musterrestaurierung, Januar 2012 – Oktober 2013, Bericht 2013

[14] Dörthe Jakobs, Martina Goerlich, Denkmalpflege in Kloster und Schloss Salem, in: Carla Müller [Hrsg.]: Kloster und Schloss Salem – Neun Jahrhunderte lebendige Tradition. Staatliche Schlösser und Gärten Baden-Württemberg, Berlin, 2014, S. 259–265

[15] Volker Caesar, Die Münstersanierung eine Jahrhundertaufgabe, in: Das Salemer Münster, Hrsg. vom Landesdenkmalamt Baden-Württemberg, Arbeitsheft 11, Stuttgart 2002, S. 15–26

[16] Albert Kieferle, Otto Wölbert, Detaillierte Bestandserfassung und Maßnahmenplanung an den Fassaden, in: Das Salemer Münster, Hrsg. vom Landesdenkmalamt Baden-Württemberg, Arbeitsheft 11, Stuttgart 2002, S. 97–134.

[17] Ulrich Bauer-Bornemann, Steinrestauratorische Maßnahmen an den Fassaden – Bericht über die durchgeführten Maßnahmen, In: Das Salemer Münster, Hrsg. vom Landesdenkmalamt Baden-Württemberg, Arbeitsheft 11, Stuttgart 2002, S. 135–144

[18] Das Salemer Münster, Hrsg. vom Landesdenkmalamt Baden-Württemberg, Arbeitsheft 11, Stuttgart 2002

[19] Ulrich Bauer-Bornemann, Dokumentation Nachschau Konservierung. Bamberg 2009

[20] Jana Kronawitt, Stefan Schädel, IFAG Universität Stuttgart, Bericht zum Projekt „Langzeitkontrolle von Maßnahmen zur Beseitigung anthropogener Umweltschäden an bedeutenden Kulturdenkmalen", Deutsche Bundesstiftung Umwelt, Objektkennblatt: Nordquerhausfassade Münster Salem, Stuttgart 2009

Abbildungen

Titelbild: Blick vom Gerüst an der Westfassade des Münsters in den Tafelobstgarten

Titelbild, Abb. 3, 5, 7, 8, 14, 15a, 20, 22: Martina Goerlich, LAD

Abb. 1: Achim Mende, 2012, Pressebild, Staatliche Schlösser und Gärten, zum freien Download unter www.salem.de/presse/pressebilder

Abb. 2, 4, 13, 19, 21: Dörthe Jakobs, LAD

Abb. 6a, 15b: Architekturbüro AeDis

Abb. 9: Joachim Feist, Amt für Vermögen und Bau Ravensburg

Abb. 10: 312 Einzelaufnahmen Bruno Siegelin, Herdwangen, Zusammenfügung/Plangrundlagen durch Peter Volkmer, Rötenberg

Abb. 11: Robert Lung, Reichenau

Abb. 12, 16–18: Peter Volkmer, Rötenberg

Abb. 23: Ulrich Bauer-Bornemann, Bamberg, aus: Das Salemer Münster, Arbeitsheft 11, Landesdenkmalamt Baden-Württemberg, Abb. 11, S. 141

Abb. 24: Ulrich Bauer-Bornemann, Bamberg

Abb. 25: Christane Brasse, LAD, Fachbereich Bauforschung

Kloster- und Schlossanlage Salem – Instandsetzungsmaßnahmen des Landes Baden-Württemberg an einem herausragenden Kulturdenkmal 2009 bis heute

von Klaus Lienerth und Michael Schrem

Das Land Baden-Württemberg erwarb im Jahr 2009 die Kloster- und Schlossanlage Salem, wobei der Markgraf von Baden weiterhin Eigentümer eines Teils der Prälatur geblieben ist.

Diese historische Anlage ist ein herausragendes Kulturdenkmal, das weit über die Landesgrenzen hinaus hohe Anerkennung findet. Das Land Baden-Württemberg – vertreten durch „Vermögen und Bau Baden-Württemberg, Amt Ravensburg" – sieht sich in der Verantwortung, den einzigartigen historischen Wert dieses Kulturdenkmals zu bewahren, für die Öffentlichkeit zu öffnen und erfahrbar zu machen. Zu Beginn des Jahres 2009 erstellten die Architekten und Restauratoren vom Planungsbüro AeDis eine Bestandsaufnahme und entwickelten für die gesamte Anlage ein langfristig angelegtes Sanierungs- und Instandsetzungskonzept. Dabei hat seit Beginn der Arbeiten im Jahr 2010 der denkmalpflegerische Grundsatz des Substanzerhalts absoluten Vorrang.

Baugeschichte der Kloster- und Schlossanlage Salem

Die Kloster- und Schlossanlage Salem wurde im frühen 12. Jahrhundert nördlich des Bodensees gegründet. Wenige Jahre später wurde Salem „reichsunmittelbar" und unterstand ab 1178 direkt dem Papst. Im späten 12. Jahrhundert wurde das erste Münster erbaut. Von lokalen Störungen und Rivalitäten geschützt wurde das Kloster schnell wohlhabend, wodurch es möglich war, die Kirche zwischen den Jahren 1285 und 1425 im gotischen Stil neu zu errichten. 1697 zerstörte ein Brand alle Klostergebäude südlich des Münsters, an dem selbst nur geringfügige Schäden entstanden waren. Im frühen 18. Jahrhundert wurden die zerstörten Gebäude in barocker Formensprache wiederaufgebaut und später neu ausgestattet. Ab 1750 wurde der Innenraum des Münsters neu gestaltet, wobei die Außenmauern und das Dach unberührt blieben. Auch der Chor wird verändert, indem die Michaelskapelle entfernt und ein mächtiger Vierungsturm errichtet wurde. Im Zuge dieser Arbeiten entwickelte sich Salem zu einem künstlerischen Zentrum der Region. Im Jahr 1804 wurde das Kloster geschlossen, nachdem es an den Markgraf von Baden übergegangen war.

Abb. 1 Die Westfassade des Münsters, Fotografie vor 1880

Abb. 2 Salemer Münster, Nordseite des Langhauses und Chor

Johann Caspar Bagnatos Vierungsturm wurde abgebrochen und durch den erhaltenen Dachreiter ersetzt. Während der 1880-er Jahre wurde die Kirche einer letzten umfassenden Restaurierung unterzogen.

Instandsetzungsarbeiten von 2009 bis heute in vier Bauabschnitten

Anhand einer Prioritätenliste wurde das folgende Vorgehen festgelegt:

- Ab 2010 Instandsetzungen am und im Prälaturgebäude, am Konventgebäude und Restaurierung der Leinwandgemälde im Kreuzgang.
- Zweiter Bauabschnitt ab 2012: Prälaturgebäude, Marstallgebäude, Betsaal, Notsicherungen im Münster und Wasserversorgung.
- Dritter Bauabschnitt ab 2014: Münster Nordfassade und Rentamt.
- Vierter Bauabschnitt ab 2016: Münster Westfassade und Konventgebäude.

Restaurierung des Münsters

Am Münster wurden im Zuge der Restaurierung des späten 19. Jahrhunderts starke Eingriffe vorgenommen. Insbesondere seine Maßwerkgiebel wurden fast vollständig ersetzt. Kurz nach der Restaurierung wurden bereits wieder schwerwiegende Schäden an den zuvor erneuerten Sandsteinen beobachtet. Das Münster war im Mittelalter aus Molassesandstein von sehr geringer Qualität, das heißt mit hoher hygrischer Quellung, errichtet worden. Ersatzmaterialien späterer Restaurierungen sind ähnlich problematisch. Die Architekturgliederung der Klostergebäude besteht ebenfalls aus Molassesandstein. Während der Arbeiten wurden gelbliche bis grünliche Varietäten genutzt, wie sie auch an Aufschlüssen bei Sipplingen und Überlingen vorkommen. Die Arbeiten in der Zeit nach dem Mittelalter wurden vornehmlich in einem dunkelgrünen, fast bläulich erscheinenden Sandstein ausgeführt. Bagnato hatte diesen Sandstein beim Verschließen der östlichen Chorfenster benutzt. Geschädigte Strebepfeiler-Abdeckungen wurden ebenfalls mit diesem Material ersetzt. Graugrüner Rorschacher Sandstein wurde zu dieser Zeit ebenfalls benutzt. Ab den 1880er Jahren verwendete man ausschließlich dieses Material (Abb. 1).

Nach ausgiebigen Forschungen wurden im Zeitraum zwischen 1997 und 2001 Konservierungsarbeiten an weiten Teilen des Münsters durchgeführt. Während der vorangegangenen Untersuchungen wurden Kitt- und Verfüllmaterialien für die Anwendung an dem Molassesandstein entwickelt, die auf Kieselsol und Quarzfüllstoffen beruhten. Die Arbeiten wurden von 2009 bis 2013 nachuntersucht. Die Ergebnisse waren insgesamt positiv. Eine große Anzahl von Steinen, die ursprünglich zur Erneuerung vorgesehen waren, konnte erhalten werden. In Bereichen, die starker Witterung ausgesetzt sind, wurden neue Risse festgestellt.

Der Sandstein des Münsters war früher gestrichen. Im Zuge einer früheren Restaurierung wurde dieser Anstrich durch Abschleifen gründlich entfernt, doch haben sich kleine gelbe, rote und graue Farbreste in Tiefen und Ecken erhalten. Die Sandsteinoberflächen und die Putze der barocken Klostergebäude tragen noch umfangreiche historische Fassungen und Malereien (Abb. 2).

Fotos der Natursteinfassaden aus den 1930er-Jahren belegen an den 50 Jahren zuvor erneuerten Sandsteinen bereits neue Schäden. Die schlechte Erfahrung mit dem Ersatzmaterial scheint entmutigend gewirkt zu haben. Eine Steinerneuerung, die üblicherweise als robuste Instandsetzung gilt, wurde mit Skepsis betrachtet. Dies eröffnete die Möglichkeit für ein umfangreiches Konservierungskonzept.

Am Münster wurden bereits im Jahr 1971 vom Doerner-Institut in München unter Josef Riederer Forschungen zur Konservierbarkeit des Molassesandsteins in Form von Festigungsversuchen mit Kieselsäureester begonnen. Leider wurde die Lage der Musterflächen nicht hinreichend dokumentiert, sodass eine spätere Nachuntersuchung scheiterte. In den frühen bis mittleren 1990er-Jahren wurde die Forschung, zunächst im Projekt „Steinzerfall und Steinkonservierung" des damaligen BMFT, später im Rahmen des deutsch-französischen Kulturabkommens intensiviert. Im Zuge dieser teilweise grundlagenorientierten und teilweise anwendungsorientierten Forschungen hatten insbesondere drei Untersuchungen eine große Auswirkung auf die Konservierungsmaßnahmen des Münsters.

Hans Ettl (Labor Ettl & Schuh) und Konrad Zehnder (ETH Zürich) begannen mit der Schadenskartierung. Sie stellten Schäden unterschiedlicher Ausprägung und Intensität fest, wobei die Schadenssituationen durch Absanden, Schalenbildung und Schuppenbildung bestimmt waren.

Die Schadenssituationen zeigen die Abbildungen 3 a und b:

- Die Sockelzone mit umfangreicher Schalen- und Schuppenbildung und großflächig abgefallenen Schalen;
- Unterseiten von Gesimsen mit starkem Absanden und Schuppenbildung;

Abb. 3a und b Häufiges Schadensbild am Molassesandstein: Schalen mit dahinterliegenden Mürbzonen, Oberflächenverlust als Folge

Abb. 4 Obergaden der Südseite im Vorzustand. Zu erkennen sind Fassungsreste in der gesamten Fläche und die Überfugung der geschädigten Steinkanten.

- Traufbereiche, Gebäudekanten und Nischen, an denen sowohl Absanden als auch Schuppenbildung beobachtet wurde.

Glücklicherweise wurde ein grundlegender und für die folgenden Arbeiten wichtiger Teil der Ergebnisse von Prof. Dr. Gabriele Grassegger veröffentlicht, die eine große Zahl von Untersuchungen ihrer Kollegen zusammenfasst: … „Im Rahmen des Projektes wurden die Rolle der Feuchte aus verschiedenen Perspektiven untersucht und ihre Auswirkungen beschrieben. Die ausführlichen Immissionsmessungen und meteorologischen Daten zeigten, dass die Schadstoffeinträge im unteren Teil des Bauwerks durch die geschützte Position stark reduziert sind. Sulfat überwiegt als Eintrag. Im Westen der Fassaden ist der Eintrag durch Regen am höchsten, in anderen Bereichen dominiert die Gesamtdeposition. Weniger als 10 % der Immission werden, im Vergleich zu einer horizontalen Referenzplatte, auf vertikalen Flächen deponiert. Hydrologische und baugrundgeologische Untersuchungen ergaben, dass der Westabschnitt das ganze Jahr und der Ostabschnitt nur gelegentlich in Grundwasserkontakt ist. Erstmals konnte die aufsteigende Feuchte zerstörungsfrei mittels Spontaner-Potential-Messungen (SPI) anhand der Elektrolyt-Wanderung direkt erfasst werden. Mikrowellen-Reflexion und -Transmission vermittelten zerstörungsfrei ein (halbquantitatives) Bild der Feuchteverteilung. Die Fugenmörtel spielen eine große Rolle als Wasserleiter. Die Transport-Koeffizienten an bruchfrischem Rorschacher Sandstein (derzeitiges Austauschmaterial) konnten theoretisch und experimentell ermittelt werden. Alle Untersuchungen zeigten, dass relativ hohe Salzgehalte im Gestein (Sulfat dominiert) vorliegen, die aber zur Tiefe hin abnehmen. Die chemisch-mineralogischen Abbauprozesse des Gesteins sind säurebedingte Karbonat- und Minerallösungen, Gipsbildungen in Lösungsporen und Risszonen. Besonders starke Schäden treten in dauerfeuchten und wechselfeuchten, aber regengeschützten Zonen (z. B. Gesimsunterseiten) auf. Die unterschiedlichen Molassesandstein-Varietäten sind geringfügig anders zementiert und weisen unterschiedliche Arten und Anteile von Gesteinsfragmenten auf, was die Verwitterungsanfälligkeit beeinflusst. Neben normalen petrographischen/geochemischen Messungen wurden digitale Bildanalysemethoden an REM-Bildern leicht verwitterter Proben erprobt" …

Schließlich wurden Musterflächen durch Egon Kaiser angelegt und durch Hans Ettl nachuntersucht. Im Zuge dieser umfangreichen Forschungsarbeiten wurde ein Materialsystem zur Konservierung entwickelt und überprüft, das auf Kieselsäureester und Kieselsol basiert. Es zeigte sich, dass die Hauptschäden – sprich Schalen und Rissbildung – mittels dieser damals sehr fortschrittlichen Materialien und Techniken bearbeitet werden konnten.

Die Restaurierung des Münsters von 1997 bis 2001

Im Jahr 1996 entschied sich das Haus Baden, das Dach des Münsters instand zu setzen. Zum ersten Mal seit dem späten 19. Jahrhundert wurde das Gebäude wieder eingerüstet. Im Zuge dieser Arbeiten zeigte sich, dass das Mauerwerk des Gebäudes so stark beschädigt war, dass die Restaurierung unter keinen Umständen verschoben werden konnte.

Auf den vorangegangenen Untersuchungen basierend begannen Albert Kieferle und Peter Reiner mit einer werkstückbezogenen Kartierung der Schäden einschließlich Materialien, Mörtel und Steinmetzzeichen. Es konnten in diesem Rahmen bestimmte Kombinationen aus Schäden, Materialien zu Schäden, Expositionen zu Schäden und Schäden zu Konstruktionen festgestellt werden.

Charakteristische Schadensformen waren:

- Rorschacher Sandstein: Während der Restaurierung der 1880er-Jahre wurden umfangreiche Reparaturen in stark witterungsexponierten Bereichen der Giebel mit ihren feingliedrigen Maßwerken und am erdberührenden Sockel durchgeführt. In beiden Bereichen waren starke Schalenbildungen mit umfangreichen Schalenausbrüchen zu beobachten. Die Oberflächen der Ausbrüche zeigten starkes Sanden und Schuppenbildung mit einer Schädigungstiefe von über fünf Zentimetern, was schwerwiegende Probleme an den schlanken Teilen der Maßwerke verursachte. Solche stark geschädigten Werkstücke wurden in der Regel als nicht konservierbar eingeschätzt und zur Erneuerung vorgesehen.
- Gelblicher Sandstein: Der gelbliche Sandstein zeigte, obwohl es sich ebenfalls um einen Molassesandstein handelte, völlig andersartige Schäden. In stark bewitterten Expositionen hatte sich an diesen Steinen eine starke, häufig mehrere Zentimeter betragende Rückwitterung entlang der Fugen (Rundung) herausgebildet, teilweise auch mit einer Durchlöcherung durch Mörtelwespen. Die Oberfläche löste sich in größeren zusammenhängenden Flächen ab, wobei sich eine bräunliche Verfärbung einstellte. Trotz der teilweise starken Verwitterung dieses Steinmaterials wurden die Werkstücke fast immer als konservierbar angesehen.

- Ausgeweitete Fugen: Während der Restaurierung der 1880er-Jahre wurden die rückgewitterten Steinflanken mit einem damals sehr hoch angesehenen Zementmörtel ausgefugt. Die völlig unterschiedlichen Materialeigenschaften führten jedoch in größeren Teilen zu einer Lockerung und schließlich zum Ausfallen der Fugen.
- Strebepfeilerabdeckungen: Die Abdeckungen der Obergadenstrebepfeiler waren bereits vor 1880 ersetzt worden, indem die ursprüngliche Konstruktion, die an einem der Pfeiler erhalten geblieben war, verändert wurde: von pultförmigen Steinen mit waagerechten Fugen hin zu Abdeckplatten, die auf lediglich einer schmalen, stark durch den Schub belasteten Konsolsteinen auflagen. Einige Konsolsteine zeigten Risse, die durch diese Überbeanspruchung entstanden waren (Abb. 4).

Zielsetzungen der Restaurierung

Die Notwendigkeit einer Restaurierung war deutlich geworden und konnte auch nicht verschoben werden. Finanzielle Mittel waren nur für die Dachinstandsetzung eingestellt, was dazu führte, eine Steinrestaurierung mit den folgenden Zielen zu konzipieren:

- Herstellen der Verkehrssicherheit mit geringem finanziellen Aufwand;
- Verzögerung der anstehenden umfangreichen Restaurierung um 10 Jahre.

In Diskussionen mit dem Besitzer und den Denkmalbehörden, vertreten durch Otto Wölbert, wurde das folgende Restaurierungskonzept gefunden:

- Eine vollständige Konservierung aller Teile, die für konservierbar angesehen wurden, auf der Basis der zuvor im Rahmen der Forschungsprojekte entwickelten Materialien und Verfahren;
- Abnahme der Schalen an Werkstücken, die nicht konservierbar waren, wobei die verbleibenden Teile wie oben beschrieben konserviert wurden;
- Sicherung der Strebepfeilerabdeckungen.

Auf diese Weise wurde die Konservierung vollständig durchgeführt, allerdings ohne Steinaustausch. Werkstücke, die ursprünglich zum Ersatz vorgesehen waren, wurden einer reduzierten Konservierung unterzogen, was zwar letztlich nicht dauerhaft war, aber für eine begrenzte Zeit die Verkehrssicherheit gewährleisten konnte.

Um die größte Gefährdung zu begrenzen, wurden die Strebepfeiler-Abdeckungsplatten im Sommer 1997 zuerst gesichert. Nach einem Plan des Statikers Johannes Grau wurden die Platten mit

Glasfaserstäben in ihrer Lage gesichert. Die Stäbe wurden mit Trasskalk-Mörtel eingebaut und die Bohrlöcher mit Bleiplomben geschlossen (Abb. 5).

Ab 1997 wurden die Konservierungsarbeiten zunächst an der Westfassade des Münsters begonnen. Während der Folgejahre wurde dann der Chor mit seinem Obergaden und schließlich das Querhaus konserviert. Die Seitenschiffe und der Langhausobergaden blieben unbearbeitet. Die Schalen und Risse wurden in einer einfachen, aber sehr wirkungsvollen Art verfüllt: Das Verfüllmaterial wurde über aufgeklebte Schläuche ohne Druck unter Ausnutzung von Schwerkraft und des Kapillarsogs eingebracht. Dieses floss dann langsam in die Hohlräume hinein.

Die Ergebnisse waren hervorragend. Schäden an Kanten wurden mit einem Kieselsol gebundenen Material gekittet. Schuppende Bereiche wurden mit einem Material auf gleicher Basis geschlämmt und so die der Witterung ausgesetzte Oberfläche in diesen Bereichen stark reduziert. Die Kornbindung wurde durch eine Festigung mit Kieselsäureester wiederhergestellt. Dies war an den durch Egon Kaiser angelegten Musterflächen erfolgreich und hatte sich trotz der Quell-

Abb. 5 Die mit Nadeln gesicherten Abdeckplatten nach 12 Jahren Standzeit

fähigkeit des Molasse-Sandsteinmaterials bewährt. Gelockerte Fugen, insbesondere die verbreiterte Verfugung wurden ausgebaut und durch Trasskalkmörtel ersetzt, die jedoch nicht mehr die angrenzenden Sandsteine mit einer dünnen Mörtelschicht überzogen. Die dadurch offengelegten Schäden wurden stattdessen mit einer Kieselsolkittung beruhigt.

Abb. 6a Westfassade des Münsters, Detail der Maßnahmenkartierung

Abb. 6b Die Westfassade in einer Darstellung von 1832

Weitere Untersuchung nach Erwerb durch Land

Als das Land Baden-Württemberg sich entschied, große Teile des Klosters vom Markgraf von Baden zu erwerben, wollte der Käufer wissen, in welchem Zustand die Gebäude waren und welcher Erhaltungsaufwand in absehbarer Zeit einzuplanen war. Mit der Aufgabe betraut wurde die Firma AeDis, die kurz nach Fertigstellung der Restaurierungsarbeiten 2001 durch den Architekten Peter Reiner und die Restauratoren Georg Schmid und Albert Kieferle gegründet wurde. Das ergab die Möglichkeit, die Fassaden, die zehn Jahre zuvor restauriert worden waren, nochmals zu untersuchen. Die Ergebnisse waren insgesamt sehr positiv. Die mit Mörtel ausgeführten Arbeiten sowie die Bereiche, die ursprünglich Schalenbildung aufwiesen, waren stabil. Das Absanden hatte sich in Teilbereichen wieder eingestellt. Dies beschränkte sich jedoch auf die oberste Kornlage. Die Behandlung der schuppenden Bereiche innerhalb der abgefallenen Schalen war weniger befriedigend. Die Kittungen und Schlämmungen waren an Ort und Stelle, doch darunter ging die Schädigung des Steins weiter. Der Schaden beschränkte sich auf Bereiche, die ursprünglich als nicht konservierbar angesehen wurden.

Zur gleichen Zeit wurden die Flächen im Rahmen des DBU-Projekts ‚Stein Monitoring' durch die Universität Stuttgart ebenfalls nachuntersucht, was zu vergleichbaren Ergebnissen führte. Allerdings wurde dabei nicht zwischen den für konservierbar erachteten und den nicht konservierbar erachteten Stücken unterschieden. Zehn Jahre nach der Konservierung wurde also aufgrund des vorgefundenen Zustands das ursprüngliche Konzept bestätigt.

Maßnahme an Münster bringt neue Fragen

Im Jahr 2014 wurde mit der Planung begonnen. Damit wurde das Konzept von 1997 weiter umgesetzt. Im Blickpunkt standen vor allem die Maßwerke der West- und Nordgiebel sowie die Fenster und Strebepfeiler des Langhausobergadens. In weiten Teilen zeigte sich die Konservierung abermals stabil, mit Ausnahme der Maßwerke am Westgiebel. Hier wurden in schlanken Teilen neue Risse entdeckt. In den Bereichen, die ein Jahrzehnt zuvor nicht behandelt worden waren, hatten sich die Schäden fortentwickelt und Teile waren in der Zwischenzeit abgenommen worden. Erfreulicherweise bestätigen sich Befürchtungen, dass unterschiedlicher Quelldruck bei gefestigten und nicht gefestigten Steinen für die Rissbildung verantwortlich ist, nicht.

In den Jahren 2015/16 erfolgte die Umsetzung. Die hier durchgeführten Arbeiten sind als Teilbereich eines langjährigen Sanierungskonzeptes anzusehen,

das die entsprechenden bauhistorischen und wissenschaftlichen Begleituntersuchungen sowie die bereits erfolgten Sicherungs- und Konservierungsmaßnahmen erfasst (Abb. 6 a und b).

Sicherungsarbeiten an Alabaster-Altären und Ausmalung

An den Alabasteraltären galt es zu verhindern, dass Elemente der fragilen Konstruktion verloren gehen. An vier Jochen im Gewölbe wurden zur Konzeptfindung Konservierungs- und Restaurierungsarbeiten

Abb. 7 a Anlegen der Musterachse im Münster

Abb. 7 b In der Gewölbekappe sind mehrere Phasen der Ausmalung erkennbar.

Abb. 8 a Gleichzeitigkeit von Fassungsbefunden an einer Fasche des Sternenhofes

Abb. 8 b Große Flächen waren zu bearbeiten und dabei ein einheitliches Erscheinungsbild zu erreichen

Abb. 8 c Auszug aus der Schadenskartierung der Putzflächen

Abb. 8 d Putzflächen im Sternenhof, Vorzustand mit Bewuchsresten

an Malereien durchgeführt. An der hölzernen Kirchenausstattung wurden befallene Elemente gegen Schädlinge behandelt. Weitergehende Restaurierungsarbeiten im Kircheninnenraum waren nicht vorgesehen, diese sollen erst im Rahmen einer umfangreichen Instandsetzung ausgeführt werden (Abb. 7 a und b).

Erhalt der spätbarocken Fassadengestaltung

In den Innenhöfen des Sternenhofes und des Tafelobstgartens erleben die Besucher die wahre Pracht des bauzeitlichen Schaffens. Hier zeigt sich ein großer historischer Malereibestand im Original als einzigartiges Zeitzeugnis der ersten spätbarocken Fassadengestaltung. Diese außergewöhnliche Ausgangssituation richtete den Fokus der angestrebten Instandsetzungsmaßnahmen auf den unbedingten Erhalt des originalen Malereibestands der Innenhöfe. Maximaler Bestandserhalt als Anforderung und Anwendung hochspezialisierter Verfahren zur Putz- und Malschichtkonservierung wurden zu einem umfassenden Maßnahmenkonzept entwickelt.

Zur Bestandserfassung (Kartierung) und Darstellung der geplanten Maßnahmen wurden die Fassaden photogrammetrisch aufgenommen und als hochauflösende Messbildpläne dokumentiert. Hierzu musste im Sternenhof der starke Fassadenbewuchs entfernt werden. Im Anschluss erfolgte eine Befunduntersuchung, um gesicherte Informationen über den Bestand, insbesondere der Maltechnik sowie der Farbgestaltung zu erlangen. Die bauhistorische Untersuchung ergab eine Datierung der Erstfassung auf die Erbauungszeit um 1706. Die zweite frühklassizistische Ausmalungsphase in Gelbtönen erfolgte 1790, welche direkt auf der Erstfassung aufgebracht wurde. An den obersten Fenstern ist wegen der geschützten Lage unterhalb des Dachvorsprungs der Originalbestand am umfangreichsten erhalten. Der übrige Teil der Fassade zeigte sich extrem stark geschädigt und in seiner Substanz akut gefährdet. An den Fassaden zeigten sich Mauerwerksrisse, großflächige Ablösung der Putz- und Malschichten vom Träger, Risse, Hohlstellen und Abplatzungen. Sämtliche Bauteile und Phänomene wurden durch Planer, Fachplaner und Restauratoren genauestens untersucht. Auf den digitalen Bildplänen erfolgte eine vollflächige Bestands- und Schadenskartierung. In einem nächsten Schritt wurde ein Konzeption entwickelt, deren Umsetzung an einer Musterachse erprobt und bestätigt wurde (Abb. 8 a – d).

Besondere Anforderung an ausführende Restauratoren

Aus den Ergebnissen der Bearbeitung der Musterachsen wurden die Leistungsverzeichnisse erstellt und unter qualifizierten Restauratoren beschränkt ausgeschrieben. Da die Fachleute ein schnelles Fortschreiten des Schadensverlaufs prognostizierten, wurde mit den Maßnahmen umgehend begonnen. Allen Verantwortlichen und Entscheidungsträgern war klar, dass die ca. 4 000 qm zu restaurierenden Fassadenflächen eine große Herausforderung darstellten. Die beauftragten Restauratoren mussten nicht nur die Konsolidierung stark geschädigter fragilster Kleinflächen und Malschichtschollen gewährleisten; es galt auch größere Putzfehlstellen mit Mörtel als Baustellenmischung in handwerklich höchster Qualität in einem einheitlichen Duktus aller Fassadenabschnitte zu schließen. Diese wurde im Detail auch durch naturwissenschaftliche Untersuchungen unabhängiger Fachlabore zu Art und Zusammensetzung des zu konservierenden Putz- und Malereibestands unterstützt. Die Restaurierung wurde wie schon im Konzept auch in der Durchführung permanent mit den Experten des Landesamts für Denkmalpflege abgestimmt. Es ist als glücklicher Umstand zu werten, dass obwohl so umfangreiche Schäden vorhanden waren, sich doch noch großflächig Putz- und Malschichtbestand über 300 Jahre im Außenbereich erhalten hat und im Rahmen dieser Sofortmaßnahmen gesichert und konserviert werden konnte (Abb. 9).

An den Fassaden wurden auch die Natursteinbauteile aus Molassesandstein der Portale und der Fenster- und Türgewände, des Sockels und der Außentreppen bearbeitet. Um die Originalfassung der Fenstermalereien zu erhalten, wurden die Arbeiten am Naturstein auf ein Minimum reduziert. Die Natursteinsimse der Fenster wurden mit einer Bleiabdeckung versehen, die auch die oberen Putzanschlüsse der restaurierten Putzfassaden schützen.

Die Restaurierung der Holzfenster erfolgte ebenfalls. Dabei wurde besondere Aufmerksamkeit auf die Restaurierung des letzten erhaltenen barocken Holzfensters der Erbauungszeit im Tafelobstgarten gelegt (Abb. 10). Die bauzeitliche Metallkonstruktion der Bogenfenster wurde nach neuesten Erkenntnissen zum Korrosionsschutz geschmiedeter Eisenstähle behandelt. Die ursprüngliche Funktion der Lüftungsflügel wurde wieder hergestellt.

In den Räumen des ehemaligen Feuerwehrmuseums im Erdgeschoss der Prälatur wurde jetzt das Klostermuseum untergebracht.

Abb. 10 Das letzte erhaltene bauzeitliche Fenster. Noch fehlt der Anstrich und die erneuerten Holzelemente treten deutlich hervor.

Abb. 9   Die fertiggestellte Musterachse im Tafelobstgarten

Abb. 11   Der Marstall, Vorzustand

Einzigartiger Konvent und Marstall

Für den weiteren Erhalt des einzigartigen Bestands im Betsaal waren zwingend Restaurierungsmaßnahmen notwendig. Über Musterachsen wurde ein Konzept erarbeitet, das sowohl historische Materialien wie Kalkmörtel und zeitgemäße Konservierungsmaterialien zur Anwendung bringt.

Das Hauptgebäude des Marstalles beeindruckt den Betrachter auf der Hauptansichtsseite durch den Schmuckgiebel mit zwei Volutenregistern, Fenstern mit Faschenmalerei und aufwendig gestalteten Portalen. Im Innenraum befinden sich die Pferdeboxen mit Fresken von Georg Brueder. An den Fassaden wurden die Sandsteinelemente konservierend überarbeitet und teilweise erneuert. Die Putzflächen wurden gesichert, stabilisiert und abschließend neu gefasst. Am Dach wurde das Holztragwerk in tradierter Zimmermannsart instand gesetzt und die Biberschwanz-Deckung repariert.

Abb. 12 Das Schloss- und Konventgebäude

Im Anschluss erfolgte die Innenrestaurierung an den Fresken und der Raumschale. Durch die aufwändige Freilegung werden die Pferdedarstellungen für den Besucher erlebbar gemacht. Begleitend wurde in den hochwertig ausgestatteten Räumen ein Klimamonitoring installiert (Abb. 11).

Salem ist herausragendes Kulturgut

Die Kloster- und Schlossanlage Salem beeindruckt als herausragendes Kulturgut die Besucher von nah und fern durch den großen Teil originaler Bausubstanz sowie der Anordnung und Nutzung der Gesamtanlage. In den vergangenen Jahren ist es allen Beteiligten gelungen, für den Erhalt und das Bewahren dieses Denkmals einen großen Beitrag zu leisten.

Wir möchten uns für die konstruktive Zusammenarbeit und das entgegengebrachte Vertrauen bei der Umsetzung der denkmalpflegerischen Konzepte, die zum Erfolg des Projektes beigetragen haben, herzlich bedanken: beim Land Baden-Württemberg, vertreten durch Vermögen und Bau Baden-Württemberg Amt Ravensburg Hermann Zettler, Peter Moser und Dagmar Krug, bei den Vertretern der Denkmalpflege Dr. Dörthe Jakobs, Martina Goerlich, Otto Wölbert, Rolf-Dieter Blumer, Jochen Ansel und Dr. Felix Muhle,

bei den beteiligten Fachingenieuren sowie bei den Restauratoren und qualifizierten Baufirmen und allen Mitwirkenden am Projekt.

Literatur

[1] Knapp, U: Salem. Die Gebäude der ehemaligen Zisterzienserabtei und ihre Ausstattung: Kontrad Theiss Verlag: Stuttgart 2004.

[2] Wendler, E; Sattler, L; Snethlage, R.; Klemm, D.: Untersuchung zur Wirksamkeit und Dauerhaftigkeit früherer Konservierungsmaßnahmen am Münster Salem. In: Gemeinsames Erbe gemeinsam erhalten, 1. Satuskolloquium des Deutsch-Französischen Forschungsprogramms für die Erhaltung von Baudenkmälern, ed. von Welck, S. Karlsruhe 1993, 179–184.

[3] Zehnder, K.; Ettl, H.: Klosterkirche Salem: Generelle Zustands- und Schadensaufnahme an den Außenfassaden. In: Gemeinsames Erbe Gemeinsam Erhalten, 1. Satuskolloquium den Deutsch-Französischen Forschungsprogramms für die Erhaltung von Baudenkmälern, ed. von Welck, S. Karlsruhe 1993, 75–79.

[4] Ettl, H.: Generelle Zustands- und Schadensaufnahme an den Fassaden. In: Das Salemer

Münster. Befunddokumentation und Bestandssicherung an Fassaden und Dachwerk: Eckstein, G.; Stiene, A. eds., Konrad Theiss Verlag: Stuttgart 2002, 75–86.

[5] Grassegger, G.: Molassesandsteine – Varietäten, Eigenschaften und Ursachen der Verwitterung. In: Das Salemer Münster. Befunddokumentation und Bestandssicherung an Fassaden und Dachwerk: Eckstein, G.; Stiene, A. eds.: Konrad Theiss Verlag: Stuttgart 2002,

[6] Ettl, H.: Unteruschungen zur Hinterfüllung und Anbindung von Schalen mit kieselgelgebundenen Mörteln. In: Das Salemer Münster. Befunddokumentation und Bestandssicherung an Fassaden und Dachwerk: Eckstein, G.; Stiene, A. eds.: Konrad Theiss Verlag: Stuttgart 2002, 87–92.

[7] Wölbert, O.; Kieferle, A.: Detaillierte Bestandserfassung und Maßnahmenplanung an den Fassaden. In: Das Salemer Münster. Befunddokumentation und Bestandssicherung an Fassaden und Dachwerk: Eckstein, G.; Stiene, A. eds.: Kontrad Theiss Verlag: Stuttgart 2002, 97–134.

[8] Bauer-Bornemann, U.: Steinrestauratorische Maßnahmen an den Fassaden – Bericht über die durchgeführten Arbeiten. In: Das Salemer Münster. Befunddokumentation und Bestandssicherung an Fassaden und Dachwerk: Eckstein, G.; Stiene, A. eds.: Kontrad Theiss Verlag: Stuttgart 2002, 135–142.

[9] Eckstein, G.; Stiene, A.: Das Salemer Münster. Befunddokumentation und Bestandssicherung an Fassaden und Dachwerk: Kontrad Theiss Verlag: Stuttgart 2002

[10] Kronawitt, J.; Schädel, S.; Gürtler Berger, T.: Das Nordquerhaus des Salemer Münsters nach der Musterkonservierung – Schadensanalyse im Rahmen des DBU-Projektes Monitoring Naturstein. In: Patitz, G.; Grassegger, G.; Wölbert, O.: Natursteinsanierung Stuttgart 2012, Fraunhofer IRB Verlag, Stuttgart, 2012, 99–108.

[11] Reiner, P.: Restaurierung der Fassaden in den Innenhöfen. In: Moser, P. Kloster und Schloss Salem, Sanierungsmaßnahmen 2009–2011. Ministerium für Finanzen und Wirtschaft Baden-Württemberg, Stuttgart 2012, 57–65.

Berthold **Alsheimer**
Ingenieurbüro Alsheimer GbR
Ungarndeutsche Str. 55, 91567 Herrieden
ib.alsheimer@t-online.de

Ronald **Betzold**
betzold + maak GmbH & Co.KG
BauManufaktur
Waldauer Berg 7, 98553 Nahetal-Waldau
www.betzold-maak.de
info@betzold-maak.de

Dr. Sven **Bittner**
Bayerisches Landesamt für Denkmalpflege
Hofgraben 4, 80539 München
sven.bittner@blfd.bayern.de

Ute **Dettmann**
Hochschule für Technik Stuttgart
Fak. Bauingenieurwesen, Bauphysik u. Wirtschaft
Schellingstr. 24, 70174 Stuttgart
ute.dettmann@ hft-stuttgart.de

Axel **Dominik**
Dominik Ingenieurbüro
Griegstraße 16, 53332 Bornheim-Merten
www.dominik-ingenieurbuero.de
info@dominik-ingenieurbuero.de

Erich **Erhard**
TORKRET GmbH
Langemarckstrasse 39, 45141 Essen
www.torkret.de
erich.erhard@torkret.de

Martina **Goerlich**
Landesamt für Denkmalpflege
im Regierungspräsidium Stuttgart
Referat 83 – Bau- und Kunstdenkmalpflege
Alexanderstr. 48, 72072 Tübingen
martin.goerlich@rps.bwl.de

Prof. Dr. rer. nat. Gabriele **Grassegger**
Hochschule für Technik Stuttgart
Fak. Bauingenieurwesen, Bauphysik u. Wirtschaft
Labor für Bauchemie „Denkmalerhaltung,
Altbauerhaltung (Conservation Sciences)"
Schellingstr. 24, 70174 Stuttgart
gabriele.grassegger@hft-stuttgart.de

Dr. Edmund **Hartmann**
ATU GmbH – Analytik für Technik und Umwelt
Hertzstr. 17, 71083 Herrenberg
www.atu-lab.de

Norbert **Hommrichhausen**
Hochschule für Technik Stuttgart
Fak. Bauingenieurwesen, Bauphysik u. Wirtschaft
Schellingstr. 24, 70174 Stuttgart
norbert.hommrichhausen@hft-stuttgart.de

Hans-Dieter **Jordan**
TORKRET GmbH, Standort Kassel
Am Lossewerk 5, 34123 Kassel
www.torkret.de
hans.jordan@torkret.de

Albert **Kieferle**
AeDis AG
für Planung, Restaurierung und Denkmalpflege
Lerchenweg 21, 73061 Ebersbach-Roßwälden
www.aedis-denkmal.de
a.kieferle@aedis-denkmal.de

Sabine **Koch**
Dominik Ingenieurbüro
Griegstraße 16, 53332 Bornheim-Merten
www.dominik-ingenieurbuero.de
info@dominik-ingenieurbuero.de

Klaus **Lienerth**
AeDis AG
für Planung, Restaurierung und Denkmalpflege
Lerchenweg 21, 73061 Ebersbach-Roßwälden
www.aedis-denkmal.de
k.lienerth@aedis-denkmal.de

Dr. Klaus **Poschlod**
Bayerisches Landesamt für Umwelt
Ref. Wirtschaftsgeologie, Bodenschätze
Bgm.-Ulrich-Str. 160, 86179 Augsburg
Klaus.Poschlod@lfu.bayern.de

Renate **Pfeiffer**
Bayerisches Landesamt für Umwelt
Ref. Wirtschaftsgeologie, Bodenschätze
Bgm.-Ulrich-Str. 160, 86179 Augsburg

Christoph **Sabatzki**
Dipl.-Rest (FH)
Fachbereich Stein, Praktische Denkmalpflege:
Bau- und Kunstdenkmäler Referat Restaurierung
Schloss Seehof, 96117 Memmelsdorf
Christoph.Sabatzki@blfd.bayern.de

Judith **Schekulin**
Dipl.-Rest. (Univ.)
Bayerisches Landesamt für Denkmalpflege
Fachbereich Skulptur/Stein
Praktische Denkmalpflege:
Bau- und Kunstdenkmäler Referat Restaurierung
Hofgraben 4, 80539 München
Judith.Schekulin@blfd.bayern.de

Michael **Schrem**
AeDis AG
für Planung, Restaurierung und Denkmalpflege
Lerchenweg 21, 73061 Ebersbach-Roßwälden
www.aedis-denkmal.de
m.schrem@aedis-denkmal.de

Dr. Eberhard **Wendler**
Fachlabor für Konservierungsfragen
in der Denkmalpflege
Mühlangerstr. 50/I, 81247 München
e.wendler@t-online.de

Otto **Wölbert**
Landesamt für Denkmalpflege
im Regierungspräsidium Stuttgart
Fachbereich Restaurierung
Berliner Str. 12, 73728 Esslingen
otto.woelbert@rps.bwl.de